住房城乡建设部土建类学科专业"十三五"规划教材
高 等 学 校 建 筑 学 专 业 系 列 推 荐 教 材

A Brief History of

中国建筑简史

柳肃 著

Chinese Architecture

中国建筑工业出版社

图书在版编目（CIP）数据

中国建筑简史＝A Brief History of Chinese Architecture/ 柳肃著 . —北京：中国建筑工业出版社，2020.8
住房城乡建设部土建类学科专业"十三五"规划教材
高等学校建筑学专业系列推荐教材
ISBN 978-7-112-25374-6

Ⅰ.①中… Ⅱ.①柳… Ⅲ.①建筑史—中国—高等学校—教材 Ⅳ.① TU-092

中国版本图书馆 CIP 数据核字（2020）第 150456 号

本书的篇章体例分为上、中、下三篇，上篇为"中国建筑基本知识"，内容为第一至第三章。分别论述了中国建筑的基本特点、中国古代建筑的类型、形式和式样、中国古代建筑木作基本特征等。中篇是"中国古代建筑简史"，从第四章到第十章。内容是按照时间顺序，从中国建筑的起源写到明清时期。下篇是"中国近现代建筑简史"，从第十一章到第十四章。内容包括清后期大变局的时代，到民国时期新建筑风格的兴起，最后到中华人民共和成立后的建筑特征。

本书有配套课件，可加 QQ 群 196695288 下载。

责任编辑：陈　桦　杨　琪
责任校对：李美娜

住房城乡建设部土建类学科专业"十三五"规划教材
高等学校建筑学专业系列推荐教材
中国建筑简史
A Brief History of Chinese Architecture
柳　肃　著
＊
中国建筑工业出版社出版、发行（北京海淀三里河路 9 号）
各地新华书店、建筑书店经销
北京建筑工业印刷厂制版
北京中科印刷有限公司印刷
＊
开本：787 毫米×1092 毫米　1/16　印张：$10\frac{3}{4}$　字数：207 千字
2020 年 12 月第一版　　2020 年 12 月第一次印刷
定价：**59.00** 元（赠课件）
ISBN 978-7-112-25374-6
　　（36364）

—Preface—

—前言—

中国建筑史的内容浩如烟海，本来应该是一部浩瀚的巨著。但是对于那些并非专门研究中国建筑史的读者来说，那样全面、详细地了解中国建筑史的全部内容和各种细节也没有必要，于是就有了这部《中国建筑简史》的写作初衷。"简史"也并不太简，至少要让人比较全面地了解中国古代建筑的基本特点和发展过程。从历史时代的发展来看，既然写"历史"那就应该是过去的时代都要写。从古代到民国，再到新中国都要写。然而新中国的历史还在延续之中，但是"文化大革命"结束，改革开放开始，显然是中国现代历史的一个分界点，所以本书的内容在历史时间段上就写到"文化大革命"结束为止。改革开放至今虽然已有40年，但是这个时代今天仍在延续，建设高潮仍在继续之中，各种新建筑仍在雨后春笋般地出现。所以这段历史留给后人去书写。

本书的篇章体例分为上、中、下三篇，上篇为"中国建筑基本知识"，内容为第一章至第三章。分别论述了中国建筑的基本特点、中国古代建筑的类型、形式和式样、中国古代建筑木作基本特征等。中篇是"中国古代建筑简史"，从第四章到第十章。内容是按照时间顺序，从中国建筑的起源写到明清时期。下篇是"中国近现代建筑简史"，从第十一章到第十四章。内容包括清后期大变局的时代，到民国时期新建筑风格的兴起，最后到中华人民共和国建立，初始年代的建筑特征。值得特别说明的是关于中华人民共和国成立以后这一段，放在历史长河中，这一段时间非常短暂，但是非常重要，在建筑思想领域中影响很大，甚至影响到今天。因此关于这一段的论述相对比较详细，尤其是关于这一时期的建筑思想。从当时的《建筑学报》上发表的文章，可以看到当时学术界的思想和讨论的问题；从当年的《人民日报》上可以看到当时的"反浪费"等运动对于建筑界的影响。这可能是这部建筑史有别于其他建筑史的一个特点。总之通过本书，读者可以了解中国建筑的基本特点以及相关基础知识，了解到从古代到近现代中国建筑的发展过程以及对于今天甚至今后的影响。

"建筑是石头的史书"，一部建筑史实际上就是一部文化史，研究建筑史有两个目的：一是研究国家民族文化发展的历程；二是保护本民族的历史文化遗产。今天国家经济快速发展，为文化遗产的保护提供了好的条件。但是并不是有了经济基础就可以保护好的，还必须要有对于文化遗产的理解和研究。由于历史的原因，我们中国人对于我们自己的建筑史的研究起步很晚，算起来至今还不到100年。另一方面，由于战争等原因，保存下来的历史遗产很大一部分遭到破坏而消失。因而对于建筑历史相关知识的普及和对于文化遗产的保护都是我们应该加大力度去做的事情。

对于中国建筑史的研究必须有两个方面的基本条件，一是要尽可能多地现场考察古建筑；一是要尽可能多地阅读相关历史典籍和文献资料。然而对于个人来说，时间上、精力上都难以做到以上两点，那就只能是尽可能多地接近这个终极目标。本人从事中国建筑史的教学、研究和古建筑修复保护30多年，考察、研究和实际工作中积累了丰富的资料，然而仍然不可能做到所有重要的建筑都能实地考察，书中有些建筑实例是引用了潘谷西先生主编的《中国建筑史》教材、傅熹年先生撰写的《中国科学技术史·建筑卷》以及其他书籍和相关资料（凡引用的材料书中均有标注）。借此机会向过去编写中国建筑史相关著述的各位前辈表达崇高的敬意和衷心的感谢！

书中所用图片多数由本人拍摄，凡引用了其他书籍和光盘资料的均标注了出处，别人拍摄的照片，均标注了拍摄者姓名（凡未标注出处和姓名的照片均为本人拍摄）。在此也向提供照片的各位朋友深表谢意！

柳 肃

Contents

下篇　中国近现代建筑简史

绪论

中国是世界六大文明发源地（埃及、西亚、地中海、中美洲、印度、中国）之一，历经数千年的发展，在整个世界文明史上独树一帜，成为东亚文明的代表。中国建筑也在世界建筑体系中形成一个独特的建筑体系。世界各大文明发源地的建筑体系基本上都是砖石建筑为主，唯独东方的中国是一个以木结构为主的体系，且影响到周边的东亚和东南亚——朝鲜半岛、日本、越南、老挝等国家和地区。

建筑是一种文化，是物质文化和精神文化的综合体。一般人往往只是注意到建筑能遮风避雨，供人使用的物质性功能，或者再多一点，注意到它有艺术的因素。然而实际上，建筑之中所包含的远不止这些，它涵盖了政治的、宗教的、哲学的、艺术的、科学技术的、生活方式的、风俗习惯等各方面的因素。可以说世界上少有其他东西比建筑的综合面更宽广、更全面。一个时代的物质文化发展程度和精神文化的特征都反映在建筑上，所以说"建筑是石头的史书"，一个时代的建筑就代表了那个时代的文化特征。

中华大地上的建筑文明往上可追溯到原始社会后期的新石器时代，目前已经发现的最早的建筑遗址距今已有7千多年至8千年。在这数千年的历史发展过程中，中国建筑形成了一个完整的体系，从平面布局、建筑造型到材料工艺等，各方面都独具特色，且呈现出明显的时代特征和地域特征。

然而，历史长河风云变幻，作为中国古代文化灿烂结晶的古建筑保存下来的并不多。当然这有多方面的原因，一方面是战乱和自然灾害的原因，另一方面木结构不如砖石结构耐久也是原因之一。但是不可否认还有一个重要的原因就是我们中国的传统中包含有一种不太重视保存遗产的倾向，古代每当改朝换代，往往是把前朝的东西毁掉重来。对前朝的都城和宫殿，要么一把大火烧毁，要么换一个地方重新建都，原来的都城就任它湮灭在历史的尘埃之中，所以我们总是只能看到最后一个朝代的都城和皇宫。例如长安，汉代的长安和唐代的长安不在同一个位置，唐代的长安和今天的西安也不是在同一个位置。今天的西安古城是在明代时建造的。

历史上很多重要的建筑没能保留下来，这也为我们今天的建筑史研究带来了困难，历史上的很多建筑看不到实物，因而只能依靠文字记录和考古发现。好在我们中国人重视历史，文献典籍保存完整，但是要在这浩如烟海的古代文献中去寻找关于建筑的记录，也是一件很很不容易的工作。另一方面，考古工作的开展，也不断有新的发现，为建筑历史研究提供新的资料。有些至今仍未解开的历史谜团，仍然依赖考古的发现来提供线索。从这个意义上说，不仅我们今天的历史还在延续，即使古代建筑史的研究也都没有结束。

上篇

中国建筑基本知识

第一章 中国建筑的基本特点

一 平面布局特点

中国古代建筑最主要的特色之一是建筑群的组合。西方古代建筑神庙、教堂、住宅等一般都是单栋独立式的，而中国古代建筑除了名山大川中点缀着个别独立的亭塔楼阁以外，所有的建筑——宫殿、寺庙、祠堂、会馆、园林、民居等，全都是群体组合，基本上没有单栋的独立建筑。在建筑群的组合关系以及建筑群与周围环境的关系方面，中国古代建筑取得了很高的艺术成就，这是举世公认的。

中国古代建筑以"间"为最基本的单位，由若干间组成单栋建筑，由若干座单栋建筑组成庭院，由若干个庭院组成建筑群。

中国建筑组群方式分为对称式布局与自由式布局，大多数为对称式布局，宫殿、坛庙、寺观、祠堂及一般的民居建筑基本上都采用中轴对称的布局方式（图1-1）。

图1-1 对称布局（北京故宫）

　　庭院一般有三合院和四合院。所谓三合院，即三面建筑围合；四合院即由四面建筑围合而成。庭院布局方式作为一个封闭系统，适应了中国封建社会的生活方式的特征，长幼有序、主次分明，不论宫殿、寺庙或是民居，对外封闭，对内开放。

　　庭院的组合方式有纵向递进式和横向扩展式，一般规模较大的建筑群大多采用纵深多重院落的组合，纵深发展造成庄重、威严、神秘的气氛（图1-2）。需要举行较大规模的仪式的场合可以做大型庭园；如果是私家生活、读书的场合可以是小庭院。

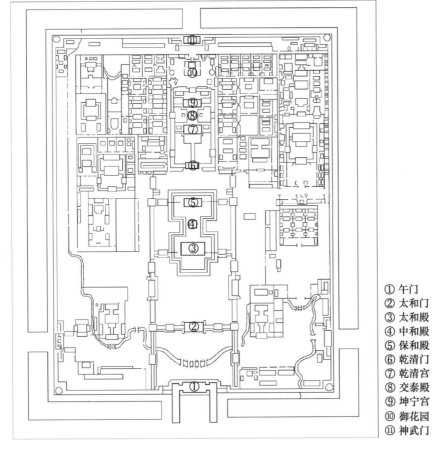

① 午门
② 太和门
③ 太和殿
④ 中和殿
⑤ 保和殿
⑥ 乾清门
⑦ 乾清宫
⑧ 交泰殿
⑨ 坤宁宫
⑩ 御花园
⑪ 神武门

图1-2　对称式布局（北京故宫平面）

　　自由式布局一般为园林建筑及风景名胜建筑所采用的布局方式，依据地理环境和地形条件来组织布局，园林建筑群体一般没有一条明确的轴线，但是帝王苑囿（皇家园林）为了朝观和处理政务，仍有部分中轴对称的组群，私家园林的布局则更加自由（图1-3）。

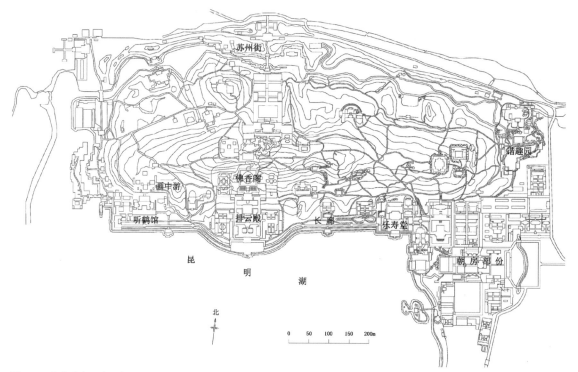

图1-3　自由式布局（北京
颐和园平面）

二　建筑造型特点

中国古代建筑外观造型的基本特点是大屋顶、三段式和多种屋顶式样。所谓三段式是指一栋建筑由屋顶、屋身和台基三部分组成。屋顶造型有多种式样，主要有庑殿顶、歇山顶、悬山顶、硬山顶（包括南方的封火墙）、卷棚顶、攒尖顶、盝顶、盔顶等。以上屋顶式样均有单檐和重檐两种形式，例如单檐庑殿、重檐庑殿、单檐歇山、重檐歇山等，但是硬山、悬山做重檐的较少（图1-4）。

另外还有平顶、单坡、囤顶、拱顶、穹顶等地方特色的式样。南方有封火山墙做法（属于硬山），造型丰富（图1-5）。

除了屋顶式样以外，还有建筑的形式，即单栋建筑的整体造型，有殿堂、厅堂、楼阁、亭、台、轩、榭、舫等。

殿堂是一个建筑群中的中心建筑，一般处在建筑群的中轴线上最重要的位置，是整个建筑群的核心，例如宫殿、寺庙中的大殿、正殿等。

厅堂是指较小规模的建筑群中的中心建筑，其性质和殿堂相似，只是因为整个建筑群的规模较小，就不叫殿堂了。例如书院、祠堂和民居住宅中的正堂、前堂、后堂等。

楼阁是多层建筑，中国古代一般是两三层，很少有四层以上的。古代楼阁建筑较少，主要只有两种用途，一类是登临远眺，建于风景名胜之地，供游览观赏，如岳阳楼、滕王阁等；另一类是取僻静，多建于建筑群的后部较僻静之处，例如宫殿、宅第、书院中的藏书楼，寺庙中的藏经阁，民居中的闺楼、绣楼等。

亭一般是一种点缀性的小型建筑，尤其在风景园林中常用，作为风景点缀、观赏，也供人休息。正因为是点景之用，所以亭子建筑虽小但艺术性强。其造型有四角、六角、八角，少量的还有圆形或其他特殊形状的。

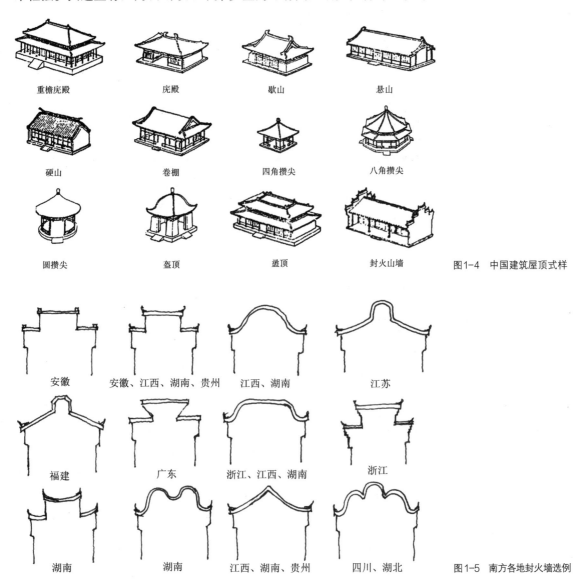

图1-4　中国建筑屋顶式样

图1-5　南方各地封火墙选例

台是古代建筑的一种形式，在春秋战国至秦汉时代流行高台建筑。用夯土和砖石砌筑一个高台，再在上面建建筑，其建筑高大雄伟，还可以登临远眺。例如章华台、铜雀台等都是历史上著名的高台建筑。

轩是一种特殊的建筑形式，其特点是一面无墙壁和门窗，全开敞。这种建筑一般建在园林中，用于休息和观景。

榭也是一种特殊的建筑，一面临水，部分悬架于水面上，所以又称

"水榭"。

　　舫是一种船形小屋，用石块砌筑一个船体形状，上面再建一座小建筑，就像一艘小船停在岸边。人坐其中就像坐在船上一样。这种舫一般也是建在园林之中。

三　材料和结构的特点

　　中国古代建筑以木为主，结合土、砖、石等作为主要建筑材料，结合地理条件，就地取材、因地制宜。在结构形式上主要有木结构和混合结构（砖木结构、土木结构、石木结构）。有些地方用纯木结构，主要是西南山区和部分少数民族地区。也有少量不用木材的纯砖石结构，如桥梁、陵墓地宫、无梁殿等。黄土高原地区有纯土结构的牛土建筑——窑洞。

　　所谓以木为主，即建筑的主体结构是木构架，而砖、土、石则只是作为围护结构——墙壁。作为建筑主体屋顶的重量主要落在木构的屋架上，填充在木头柱子、梁枋之间的墙壁只起遮挡风雨的作用，不起承重作用。有时在地震等外力作用下砖石砌筑或土筑的墙壁倒塌了，而木构架和它支撑的屋顶却依然矗立着，这就是民间所说的"墙倒屋不塌"。这就是木构建筑的特点。

　　中国传统木结构屋架的做法最常见的主要有两种——抬梁式和穿斗式。

　　所谓抬梁式即由柱子抬起横梁，横梁上再竖立童柱，童柱上再抬横梁，横梁上再立童柱，如此重重叠叠抬起整个屋顶，所以也有的地方把抬梁式称为"叠梁式"（图1-6）。抬梁式是一种正规的官式的做法，北方的民间建筑也采用抬梁式做法。抬梁式建筑的特点是用材粗壮，建筑显得雄壮，横梁跨度较大，内部空间较大，缺点是比较费材料。

　　穿斗式结构是由较薄的穿枋穿过柱子（图1-7），代替了抬梁式中横梁的作用，瓜柱骑在穿枋上，所以民间称之为"骑马瓜柱"。穿斗式是一种南方民间建筑的结构形式，其特点是：用材比较小，节省材料，结构整体性强，利于抗风抗震。缺点是柱子多，室内空间受到限制，因此多用于规模较小的民间建筑，例如民居、小型寺庙、祠堂等。需要大殿堂

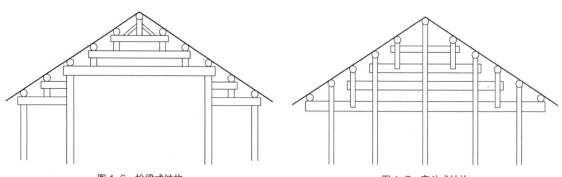

图1-6　抬梁式结构　　　　　　　　　　　图1-7　穿斗式结构

大空间的建筑一般不用穿斗式，而是用抬梁式结构。

四　装饰艺术特点

中国古代建筑非常讲究装饰，所谓"雕梁画栋""金碧辉煌"等这些词都是用来形容中国建筑的艺术装饰的。中国古代建筑的装饰手法多种多样，常用的有木雕、砖雕、石雕、琉璃、泥塑、彩画、壁画等。

木雕、砖雕、石雕通常被称为中国古建筑"三雕"，是最常见的装饰手法。木雕一般用在建筑木构件的重要部位，梁枋柱头交接之处。门窗、隔扇、栏杆等显眼之处也是木雕装饰的重点。木雕对材质的要求较高，所以凡是做木雕的地方都一定用的是很讲究的建筑材料（图1-8）。砖雕是用青砖材料烧制的雕塑装饰，一般用在墙头、檐下、门楣、清水墙面等显眼处，砖雕有深浅之分，有的砖雕做得很深，具有很强的立体感。尤其是做人物故事场景，可以做得很精彩（图1-9）。石雕一般用在建筑石构件的重要部位，例如石构梁柱、石栏杆等。牌楼这类特殊建筑，用石雕装饰特别多（图1-10）。

琉璃装饰是中国古代建筑的一大特色，琉璃是一种彩釉烧制的建筑构件，因为它色彩鲜亮而又能耐风雨，因此用在建筑的屋顶、外墙等外露之处，是很好的装饰又实用的材料。因为琉璃件制作昂贵，所以只有在比较高级的建筑上才用琉璃。琉璃最多的是用在屋顶上，大型的、高规格的建筑上，屋脊、鸱吻、翘角、盖瓦、仙人走兽等等都是琉璃的（图1-11）。

图1-8　木雕（浏阳锦绶堂木雕装饰）

图1-9　砖雕（杭州岳王庙砖雕花窗）

图1-10　石雕（湖南双牌坦田村民居石雕）

图1-11　琉璃（北京颐和园建筑屋顶琉璃装饰）

泥塑也是中国古建筑上常用的装饰手法，一般在地方民间建筑上常见，多做在屋脊翘角、墙头、墙面等处。与琉璃装饰相比，泥塑没有那么华丽高级，但它很能体现民间工匠的艺术水平和审美趣味（图1-12）。有时在泥塑中加入矿物颜料，就变成了彩塑。

彩画和壁画是两种类型的装饰，彩画是画在梁枋、斗栱、天花藻井等建筑构件上的图案装饰（图1-13）；壁画是画在墙面上的大幅图画（图1-14）。彩画画的是简单的规则的图案花纹；壁画画的往往是山水、景物、人物故事的场景画面。彩画在宫殿、寺庙、园林、民居等各种类型的建筑上都可以用；壁画则用得较少，一般只在大型庙宇中或寺庙石窟中才用。例如著名的敦煌石窟壁画、山西芮城永乐宫壁画等。

图1-12 泥塑（台湾台北孔庙屋顶彩塑）

图1-13 彩画（北京故宫檐下彩画）

图1-14 壁画（浙江宁波秦氏支祠壁画）

五 城市规划的特点

中国古代由于政治制度及统治的严密，与此相应城市建设也受到统治者关注，很早就有与政治制度密切相关的城市建制。

中国古代城市尤其是都城，都有很完整的规划布局。一般都是以皇宫或政府机构（衙署）为中心进行建筑布局和交通组织，不仅布局整齐严谨，而且规模宏大。在漫长的中国封建社会中，陆续出现过长安、洛阳、开封、南京、北京等这些当时世界一流的大城市。此外还有各地的府、州、县城也都按照行政等级，有一定的布局规则。

中国古代城市规划与封建政治制度密切相关，主要表现在两个方面：

（1）政治性因素。城市规划以皇宫或政府机构为中心，按轴线布局，突出主体。皇宫大多处在整个城市的中轴线上，坐北朝南，象征权力的中心，在这一点上明清北京紫禁城的布局达到了登峰造极的地步。皇宫紫禁城处在中轴线的中段，出皇宫大门午门往南，经端门、天安门、前门、前门大街，直到最南端，北京城的正南门——永定门。从紫禁城往北出神武门，过景山知春亭再往北，中轴线上有钟楼、鼓楼和鼓楼大街，从南到北一条笔直的中轴线纵贯北京城。皇宫处在中轴线的中段，而皇宫中的中心又是皇帝上朝的三大殿（太和殿、中和殿、保和殿）。另外，都城南边有天坛，北边有地坛，东边有日坛，西边有月坛，四方拱卫，天下以皇帝为中心的思想表达得非常明确。

（2）里坊制。中国古代城市实行一种特殊的规划制度——里坊制。所谓里坊制，就是将城市中的居民居住区按照棋盘格的形式，划分为一个个独立的方格，每一个方格叫作一个"里"或一个"坊"。一个里坊就是一个基本单位，四周有围墙，开有里门或坊门出入，并设有行政官员专门管理。夜晚里坊大门关闭，禁止人们上街，街道上实行宵禁。里坊制的另一个目的是限制商业的发展，中国古代是农业国，长期实行"重农抑商"的政策，鼓励农业发展，抑制商业发展。里坊沿大街面禁止开设商店，里坊内也禁止一切商业活动。城市中只有在指定的地方，指定的时间内才能从事商业买卖。例如唐长安城中的东市和西市就是城中的商业区，别处是没有商店的。所以，里坊制不仅仅是一种城市规划的制度，还是一种城市管理制度，管理社会治安，限制商业发展。

里坊制作为一种管理制度在商品经济发达的宋朝开始被打破，但是方格网状的城市规划布局方式却一直沿用，影响后世。我们今天还能看到的明清两代的北京城，就基本上还是纵横的道路胡同，呈方格网状的布局，仍然看得出古代里坊制的影响。今天在各地城市的老城区中，我们还能看到诸如"××里""××坊"的老地名。在我们的日常语言中还有"邻里""里弄""街坊""坊间"等名词，实际上都是来源于古代城市的里坊制。

图 1-15　西安钟楼

中国古代城市中还有一种特殊的建筑——钟鼓楼，也是一个城市的标志和象征。古代没有钟表，以晨钟暮鼓来报时。城市中都建有钟楼和鼓楼，大城市钟楼和鼓楼是分开独立的，小城镇往往钟楼和鼓楼合二为一。钟鼓楼一般建在城市的中心，并且建得高大，高出城市中的其他建筑，敲钟击鼓的时候全城都能听到。例如西安的钟楼就建在全城中心的交叉路中央（图 1-15），鼓楼就在旁边不远；北京的钟楼和鼓楼都建在全城中轴线的后段，它不可能建在中段是因为中段是皇宫。小城镇中的钟鼓楼有的也建在街道中间，例如山西平遥城中的"市楼"（钟鼓楼），也有的建在城镇中的某处高地上，例如湖南黔城古镇的钟鼓楼。

六　中国古代建筑制度

建筑的制度化这也是中国古代建筑区别于其他国家民族的建筑的一个重要的独特之处。

中国古代建筑的制度化可分为两个主要内容，一是建筑等级制度；二是有关建筑设计、施工及管理的工官制度。

1. 建筑等级制度

建筑等级制度是按照人的社会地位来规定建筑物的式样和规模，皇帝的建筑、皇亲国戚和贵族阶层的建筑、朝廷官员和地方官员的建筑、平民百姓的建筑等，都有着严格的等级区分。中国古代是礼仪制度最完备的国家，宫室建制是礼仪制度中的一个重要组成部分。古代礼制中关于建筑形制的规定非常具体，包括屋顶式样，面阔的间数，装饰的色彩，彩画的式样等等都有详细规定。建筑等级制度甚至被列入朝廷的法典之中，违者不仅是违礼，而且还是犯法，重者可招致杀身之祸。

建筑等级制的主要表现在几个方面：

屋顶式样：最高等级是庑殿，只有皇帝的建筑才能用，其次是歇山，再次是悬山，再次是硬山，其他式样就不按等级划分了。庑殿顶和歇山顶又有重檐（两层屋檐）和单檐（一层屋檐）之分，重檐等级高于单檐，所以最高等级就是重檐庑殿顶。例如北京故宫太和殿就是重檐庑殿顶（图1-16），因为它是皇宫中的正殿，最重要的建筑。天安门只是重檐歇山，因为它只是皇宫的前门（图1-17）。

开间数：两根柱子之间叫一个开间。最高等级是九间，后来发展到十一间，例如北京故宫太和殿，但是理论上仍然是九开间为最高，只有皇帝的建筑才能用九开间。其次是七间，皇亲贵戚和封了爵位的朝廷命官可以用七间。再次是五间，朝廷一般官员和地方政府官员可以用。平民百姓就只能用最小的三间了。

建筑上的数字等级还有一个特殊的含义，即中国古代阴阳五行中的"术数"。阴阳五行学说中奇数（单数）为阳，偶数（双数）为阴。阳数

图1-16　太和殿重檐庑殿顶

图1-17　天安门重檐歇山顶

中最高的数是九，所以在建筑中凡用九的数字就是最高等级，例如开间九间、台阶九级、斗栱九踩、门钉九路（图1-18）、屋脊走兽九尊等等。另外五也是术数中一个特殊的吉数，九和五结合就是最高最吉利的数。《易经》中说"九五，飞龙在天"，所以九五就变成了皇帝的专用数，称为"九五之尊"。天安门城楼就是面阔九开间，纵深五开间，故宫中的很多建筑也都是这样。

　　建筑色彩：最高等级是黄色，其次是红色，再次是绿色，再次是蓝色。黄色是皇帝的专用色，不仅是建筑，在服装和其他方面也都是。"黄袍加身"就是做了皇帝；清代朝廷大臣立了功，得到的最高奖赏是"赏穿黄马褂"。屋顶上用黄色琉璃瓦是皇家建筑才能用的，北京所有宫廷建筑的基本色彩就是红墙黄瓦。在都城以外的其他地方，只有皇家的陵墓、皇家寺庙（皇帝赐建的）、各地的孔庙或文庙可以用黄色琉璃瓦。因为孔子创立的儒家思想被推为国家正统思想，孔子被尊为"至圣先师"，礼制规定祭祀孔子的孔庙文庙享受皇家建筑的等级，所以全国各地的孔庙文庙都可以用红墙黄瓦。

　　彩画式样：彩画是中国古建筑的梁枋斗栱等木构件上的彩色图案，既起到装饰作用，又可以保护木构件。彩画图案有一个历史发展的过程，到清代，官式建筑的彩画式样已经基本定型。按照等级来看，彩画分为三种：和玺彩画、旋子彩画和苏式彩画。和玺彩画等级最高，只有皇帝的建筑才能用。其特点是有双括符的箍头，里面的图案以龙为主（图1-19）。中国古建筑中龙是皇帝专用的装饰图案，别的建筑上是不能用的。次一等的是旋子彩画，其特点是单括符形的箍头，

图1-18　门钉九路（北京天安门大门）

图1-19　和玺彩画（北京故宫）

里面的图案以旋转型的菊花为主，所以叫"旋子"（图1-20）。最高等级的建筑以外的大型建筑都可以用旋子彩画，例如皇宫中的次要建筑、大型寺庙等建筑上都可以用。最低等级的是苏式彩画，其特点是用各种艺术化的边框框出一个中心画面，这个东西叫"包袱"。包袱里面是一幅完整的图画，或者是山水风景，或者是人物故事，或者是花鸟虫鱼等，总之是一幅画，而不是格式化的图案（图1-21），它一般用于园林中的亭廊和一般民居等建筑上。苏式彩画虽然等级最低，但是很有艺术性，具有欣赏价值。尤其在园林中，一边游园，一边欣赏亭廊中的图画，赏

图 1-20　旋子彩画（北京北顶娘娘庙）　　　　　　图 1-21　苏式彩画（北京颐和园长廊）

心悦目。例如北京颐和园的长廊，里面装饰着苏式彩画，每一根梁枋上都是一个不同的包袱，琳琅满目，美不胜收。

　　建筑的等级制还在其他一些方面表现出来，例如建筑的位置关系、斗栱的层数、门钉的路数、台基的层数和式样、屋脊上仙人走兽的数量等，都代表建筑的等级身份。

2. 工官制度

　　中国古代建筑制度的另一个重要方面就是工官制度。所谓工官制度是专门针对建筑设计、施工等建造过程的管理制度。中国自古就对建筑行业非常重视，自商周时代朝廷就设置了专门的官职和部门来管理工程营造方面的事务，后来历朝历代都延续着这一传统。各朝各代名称不一，如：工、司空、将作监、少府、工部等，但性质都一样。工官的职责主要是：① 主持建筑工程设计；② 采购建筑材料，征调施工队伍，组织施工。

　　除了工程管理的官职以外，朝廷还要制定严格的管理制度，在技术成熟的时候还颁布工程技术方面的官书。例如春秋战国时期的《考工记》、宋朝的《营造法式》、清朝的《工程做法则例》等都属于这一类官书。

　　此外，工官制度还有对于建筑匠师的相关管理。规定工程营造的专业匠师，特别是为皇家服务的宫廷匠师由政府直接掌管，并被编为世袭户籍，子孙相传，不可转业。例如清代著名的"样式雷"家族就是世代相传专为宫廷服务的皇家匠师。

七　中国古建筑的地域特色

　　中国古代建筑另一个重要特征是全国各地的建筑都不一样，具有明显的地域特色。全国各个省区，一个省区里各个市县，甚至一个市县里的各个乡镇的建筑都有差别。建筑的地域特色在建筑的平面布局、外观造型（风格式样）、结构做法、材料工艺、装饰艺术等各方面都有体现。

　　例如在建筑的平面组合方面，北方的四合院和南方的天井院就完全不同（图1-22），而在北方四合院中北京的四合院和山西的四合院又不同。在建筑造型风格方面，北方的屋顶厚重，曲线平缓；南方的屋顶轻巧，曲线夸张。东北有囤顶，西北有平顶、单坡，南方各地有各种式样的封火墙。西北黄土高原有窑洞，西南山区有干栏式（吊脚楼）（图1-23）。少数民族地区更是每个民族都有自己独特的建筑形式，例如藏族地区的雕楼式民居、新疆的"阿以旺"住宅、蒙古族的毡包式住宅（蒙古包）等。

在结构形式上北方用抬梁式，南方多用穿斗式。建筑材料的运用也是根据各地的地理条件，因地制宜，采用当地最适宜的材料。建筑的装饰艺术也有明显的地方特征，例如北方的雕刻粗犷厚重；南方的雕刻精巧细腻，等等不一而足。

北方地理气候寒冷而干燥，原始住宅起源于"穴居"，不仅中国，世界各地的考古发现都证明，在北方寒冷地带的原始住民都有"穴居"的习惯。洞穴周围厚厚的土石，把洞内和洞外的空气隔绝开，起到天然的

北京四合院

北方窑洞

南方天井院

图1-22　组图

南方吊脚楼

图1-23　组图

保温隔热作用，住在洞内冬暖夏凉。所以直到建筑技术已经相当发达的时代，一些地方的人们还在坚持着"穴居"的生活方式。西北黄土高原上的陕西、山西、河南的部分地区，今天仍然沿用着窑洞的居住方式。而窑洞实际上就是古代穴居的一种延续，只是比古代做得更讲究、更精致而已。

与北方相反，南方的地理气候是炎热、潮湿，多山多水。人们居住首先需要解决的是通风凉爽、防潮防雨、防虫蛇。最初人们是在树上借用大树的枝丫来搭建窝棚，这种类似于鸟巢的居住方式叫"巢居"。后来发展为"干栏式建筑"，南方称其为"吊脚楼"。这种建筑形式满足了南方地区炎热潮湿气候下的居住需要，尤其是西南地区的山区，不仅气候条件不利，地形地貌也带来很多限制。这些地区山多田地少，像贵州、四川、云南、广西以及湖南西部的湘西，都是这类地形。有的地方山地甚至占到90%，只有10%左右的平地。这很少的一点宝贵的平地，就只能用来种粮食，绝不能让住宅建筑再占掉平地。于是住宅就只好建到山坡上去，所以西南地区的这些省份，干栏式民居数量最多。

"土"和"木"是中国建筑的两个起源（参见第四章，中国建筑的起源），同时也是两种不同的建筑风格。北方建筑起源于"土"，是一种"土"的风格。所谓"土"的风格就是厚重、敦实，厚厚的墙壁；厚厚的屋顶；小小的门洞、窗洞；屋顶翼角起翘比较平缓；细部装饰也比较粗犷。南方建筑起源于"木"，是一种"木"的风格。所谓"木"的风格就是轻巧、精细，薄薄的墙壁；薄薄的屋顶；开敞通透的门窗；高高翘起的屋顶翼角；细部装饰也极其精致细密。

这两种风格特征并不只限于真正的"土"建筑和"木"建筑本身，事实上在原始社会以后随着社会经济和建筑技术的发展，北方由"土"建筑（洞穴）逐渐发展为砖木结构建筑，南方建筑也由原始的纯木结构发展为砖木结构，南北两方逐渐趋同。但是"土"的风格和"木"的风格却仍然延续着，直到今天我们所能看到的北方和南方的传统建筑，仍然如此。北方建筑是敦实厚重的"土"的风格，南方建筑是轻巧精致的"木"的风格。

古代建筑地域特色的形成还有文化的原因。

中国古代的文学艺术本来有现实主义和浪漫主义两大倾向，先秦时期这种地域文化的差异性最具代表性的就是黄河流域的中原文化和长江流域的楚文化。中原文化的特质是现实主义，其文化思想方面的典型代表是《诗经》；楚文化的基本特征是浪漫主义，文化思想方面的最主要代表就是《楚辞》。

《诗经》是中国古代第一部诗歌总集，其文化特征是现实主义的，描写的内容大到国家祭典仪式、朝廷活动，小到人们日常生活、劳动生产、男女爱情等，都是现实生活中的事物和场景。在哲学思想方面，产生于中原文化背景下的以孔子和孟子为代表的儒家思想也是完全以现实主义的态度来看待世间事物的。中原文化从哲学思想到文学艺术都是现实主义的。

《楚辞》也是一部诗歌总集，其文化特征是浪漫主义的，内容大多是来自民间传说、神话故事，甚至有的直接来源于祭祀鬼神的巫术仪式上的巫歌。借此以表达个人的情感和对现实政治的讽喻，情感色彩浓厚，充满浪漫气息。古代湘楚大地山川奇丽，土著民族文化交融，民风淳朴而稚拙，从贵族上流社会到民间百姓普遍信仰鬼神巫术，祠祀之风盛行，《汉书·地理志》等史籍中均有记述。东汉王逸在《楚辞章句》中解释屈原作《九歌》的意图时指出了屈原的辞赋和楚巫文化的关系："昔楚国南郢之邑，沅湘之间，其俗信鬼而好祠。其祠必作歌乐鼓舞以乐诸神。屈原放逐，窜伏其域，怀忧苦毒，愁思沸郁，出见俗人祭祀之礼，歌舞之乐，其词鄙陋。因为作《九歌》之曲，上陈事神之敬，下见己之冤结，托之以讽谏。"屈原是把世俗的祭神巫歌提升到了文学艺术的高度，但是不可否认楚地巫文化中本身包含的那些浪漫情调正是文学艺术绝好的题材内容。

秦灭六国统一天下，南方楚国的浪漫主义文化受到重创。加之汉朝"罢黜百家，独尊儒术"，代表中原文化的儒家占据思想领域的统治地位，其他文化逐渐式微，甚至淹没。在后来的两千多年中，中原文化始终是中国文化的主流，南方的楚文化不但没有成为主流文化，甚至奄奄一息。因而中国古代文化中的浪漫主义因素也就没有得到应有的发展，以至于影响到整个中国古代文化艺术和民族性格的形成和基本特征。例如中国人缺少浪漫意识；缺少幽默感；中国民族（汉民族）不善歌舞等等，都与整个文化艺术中缺少了浪漫主义有着一定关系。

北方中原文化的现实主义风格和南方楚文化的浪漫气质也同样表现在建筑艺术上，而且又正好与前述"土"和"木"两种风格互相吻合。中国建筑的重要特点之一是曲线形屋面和起翘的屋角，但北方建筑的屋角起翘比较平缓，显得朴实、庄重。而南方建筑的屋角起翘则又尖又高，显得轻巧华丽，透出一种浪漫气质（图1-24）。南方建筑的封火山墙造型式样也远比北方多，北方建筑的山墙式样变化不多，且造型风格厚重朴实，南方建筑的山墙式样则丰富多彩，造型变化多端，每个地方

图1-24　组图

北方建筑屋角平缓（北京故宫）

南方建筑屋角高翘（上海豫园）

都有不同的造型。而在南方建筑的山墙造型之中又尤以湖南的造型最为奇异，例如湖南地方传统建筑中流行的一种弓形封火墙（湖南俗称"猫弓背"）就是一种最为奇特的造型，而且只有湖南才有，显然这种奇特的造型也是一种浪漫气质的表现。

地域建筑文化在很多特定的场合互相交流。例如清朝皇帝羡慕江南园林美景和人文生活，就在北京和承德的皇家园林里模仿江南园林，造出"园中之园"。还在颐和园万寿山后山做"苏州街"，模仿苏州城内的街道生活。流动的商人经常是地域文化交流的主角，一地的商人到了其他地方经商，常把家乡的文化艺术带去，商人们建的会馆建筑就经常体现出这种文化交流的特征。

第二章　中国古代建筑的类型、形式、式样

一　中国古代建筑的类型

　　所谓建筑类型是指按照建筑的使用功能来对建筑进行分类，划分出各种不同的建筑类型。中国古代的建筑类型主要有：城防建筑（城墙、城楼）、宫殿、衙署、宗教建筑（佛教、道教、伊斯兰教）、祭祀建筑（坛、庙、祠）、文教建筑（书院、学宫）、祠堂、会馆、风景园林建筑、商铺、民居（村落）、塔、桥、牌坊等。不同的建筑类型从规模大小、平面的布局、建筑的造型式样到细部的装饰艺术等都不相同。

1. 城防建筑

　　所谓城防建筑主要就是我们常说的城墙和城楼。古代诸侯国之间互相攻战，攻城略地。城市需要防卫，于是建起城墙来抵御外敌。著名的长城也属于城防建筑，但它不是一座城的城墙，而是古代诸侯国的边界。春秋战国时代北方的诸侯国为防止北边其他民族的入侵在北部边界修筑了防御性的城墙，秦始皇统一中国以后，把原来北方各诸侯国的北边城墙连接起来，这就是今天著名的"万里长城"。长城沿山脊而建，蜿蜒起伏，蔚为壮观。每隔一段距离就选择制高点建一个烽火台。

　　烽火台为方形平顶台形建筑，下面驻扎军队，顶上堆放柴草，遇到敌人进攻，就点燃柴草，烟雾升腾，一个个烽火台接力式传递，迅速把信号传到远方。这种烟火就叫"烽火""烽烟"或"狼烟"，后世用这些词形容战争就来源于此。

　　长城在延绵数千公里的山峦丘壑之间蜿蜒起伏，把南北两方的民族隔离开来。但内外两边还是有日常的商贸往来，所以长城每到一处山谷地带的交通要道就设一个关卡，实际上就是一个城门，派有军队驻守。我们常听说的山海关、居庸关、娘子关、嘉峪关等就是长城沿线这样的关口（图2-1）。

　　城墙不仅高大而且有一个很大的厚度，断面呈梯形，下宽上窄。顶上是一条宽阔的大路，叫"马道"，窄的一两丈，宽的三四丈，用于军队的行动。城墙顶上朝向城外的一面做成一个个垛状块体，叫"雉堞"，用于战时射箭御敌。

　　古代城镇城墙的大路出入口都有城门，城门的上面都建有城楼，城楼一般都建得高大雄伟，往往是一个城市最宏伟的建筑，成为城市的标志。城楼因处在城市防御的关键点上，正面迎敌，所以就建成"箭楼"

的形式。所谓"箭楼"即用砖石砌筑的城楼，朝外开方形窗洞，可以射箭，所以叫"箭楼"。没有防御功能的城楼就采用一般的木结构阁楼形式了，例如天安门、午门等（图2-2）。

图 2-1　长城关口（嘉峪关）

图 2-2　北京前门箭楼

重要出入口的城门往往做成连续两道，并用城墙围合起来，前后两道城门之间被围合起来的这个空间就叫"瓮城"。当敌人进攻攻破了第一道城门，进入到瓮城内再攻第二道城门，这时防守的士兵就可以在瓮城四周的城墙上朝下面射箭，把敌人消灭在瓮城内。所以叫"瓮城"，取瓮中捉鳖的意思。著名的南京城中华门有四道城门，三个瓮城，这是现存中国古城中规模最大的瓮城。一般的是两道城门，一个瓮城，两道城门就有两座城楼，前面的城楼做成箭楼，后面的城楼就做成一般的阁楼了。

2. 宫殿、衙署

皇宫无疑是国家最重要的建筑，中国历史上有史记载的最宏大最著名的建筑都是皇宫。秦朝阿房宫，汉朝未央宫、长乐宫，唐朝太极宫、大明宫，明清紫禁城等等，都是中国历史上最伟大的建筑。

中国古代都城规划讲究轴线布局，皇宫总是处在都城的主轴线上。但是不同的朝代，皇宫在轴线上的位置有所不同。例如唐长安皇宫处在中轴线后端，元大都（北京）皇宫在中轴线前端，明清北京皇宫处在中轴线的中间。皇宫本身就像一座城市，中轴对称，四周城墙护城河环绕，四角有角楼（图2-3）。

图2-3 北京故宫角楼

皇宫的规划布局有着详细的定制，其中比较重要的有"前朝后寝""五门三朝""左祖右社"等规定。所谓"前朝后寝"，是指皇宫分为前后两个区域。前面的区域称为"朝"，是皇帝朝会群臣处理政务的场所；后面的区域即人们常说的"后宫"称为"寝"，是皇室及宫女太监等宫中人员居住生活的场所。用今天的话说就是"前面是工作区，后面是生活区"。同时也符合于中国传统农业社会"男主外，女主内"的习惯，一般情况下皇后是不能去前朝的。所谓"垂帘听政"也就是这样来的，因为女性是不能去前朝的，要去也得要象征性地挂一道帘幕，表示没有直接到前面去，而是在后面。北京故宫紫禁城就是以乾清门为界线，一条长长的隔墙把整个紫禁城分割成前后两个区，即"前朝"和"后寝"。辛亥革命成功，清帝退位，当时的民国政府制定了优待清室的政策，允许退位皇帝溥仪和清王朝的遗老遗少们继续住在紫禁城内。但是规定只准在后宫中活动，不准越过乾清门。实际上这就是一种象征，只是生活，没有政治了。

所谓"五门三朝"，是古代宫殿制度规定皇宫前面要有连续五座门，即皋门、库门、雉门、应门、路门；而皇帝的朝堂要有三座，分别为外朝、治朝、燕朝。在今天北京故宫中相应的五门就是前门、天安门、端门、午门、太和门；三朝即故宫中的三大殿——太和殿、中和殿、保和殿。三座殿堂分别有不同的功能，太和殿相当于"外朝"，是皇帝朝会文武百官和举行重大典礼仪式的场所；中和殿相当于"治朝"，是皇帝举行重大典礼之前临时休息的地方，有时也在这里处理一般朝政；保和殿相当于"燕朝"，是皇帝个别会见朝臣，处理日常朝政的场所，每届科举考试中最后皇帝亲自主考钦点状元的殿试也是在这里举行。这里最重要的是太和殿，它是皇宫中最重要的殿堂，皇帝的登基大典等最重要的仪式必须在这里举行，太和殿里的皇帝宝座就是最高权力的象征。

所谓"左祖右社"，是指皇宫的左边是祭祀祖宗的祖庙，右边是祭祀社稷的社稷坛。中国人崇拜祖先，祭祖是中国人世代相传的传统，皇帝也不例外，而且要做全国人民的表率，要把祭祖宗的祖庙建在皇宫旁边最重要的地方。《礼记》中说："君子将营宫室，宗庙为先，厩库次之，居室为后"（《礼记·曲礼下》）。祭祖宗的地方比居住的地方更重要。祭社稷也是重要的祭祀，"社"是指社神——土地之神，"稷"是指稷神——五谷之神。中国古代是农业国，有土地和粮食就会国泰民安，所以皇帝必须隆重地祭祀社神和稷神。"建国之神位，右社稷而左宗庙"（《礼记·祭仪》）。春秋战国时代的《考工记》中正式确定了皇宫规划中"前朝后寝，左祖右社"的制度。在今天北京故宫的布局中我们还能完整地看到"左祖右社"的痕迹——天安门的东边是太庙（皇帝的祖庙叫"太庙"），即今天的劳动人民文化宫；天安门的西边是社稷坛，即今天的中山公园。注意这里说的"左右"，是按皇帝坐在皇宫中坐北朝南的位置，他的左右。当我们站在天安门外，面朝皇宫里的时候，左右就正好反过来了。中国古建筑所说的"左右"都是这样看的，这一点非常重要，因为在中国古代建筑中，或在人们的座位次序排列中，左右关系是有着等级地位的差别的。

皇宫在建筑上最重要的特征是等级制。当然，整个皇宫都是最高等级的，红墙黄瓦的皇家风格，但是就在这同一个皇宫建筑群中也还是有等级差别的。例如天安门和午门，同是皇宫大门，但是天安门只是前门，而午门是皇宫的正门，所以午门的等级（重檐庑殿顶）高于天安门（重檐歇山顶）。又如太和殿和乾清宫，同是皇帝的建筑，同样都是重檐庑殿顶，但是太和殿十一开间、三层台基，而乾清宫九开间、两层台基，显然太和殿高于乾清宫。因为太和殿是皇帝上大朝举行重大仪式的地方，乾清宫是皇帝居住的地方。皇宫中还有皇后、妃子、宫女、太监等其他人员的建筑和一些其他辅助性建筑，其等级就更低了。

天安门前面矗立着一对华表，这是皇权特有的象征物。相传上古时代的开明君王尧帝在自己的皇宫前竖立一根木柱，上面横着一块木板，谁对君王有意见就写在那木板上，这东西叫作"诽谤木"。久之，这诽谤木就成了皇宫前的一个标志，表示君王能够虚心听取老百姓的意见。随着建筑的发展，这简陋的诽谤木逐渐演变为带有装饰性的建筑物，原来的木柱变成了雕龙石柱，上面横着的木板变成华丽的云板，这就是我们今天看到的华表。诽谤木变成了华表，原来让人提意见的功能已经不存在，但是还有一点，仍然表示皇帝体察民情的含义的就是华表顶上的那尊神兽，它叫"犼"。相传犼是龙子之一，喜好守望，放在皇宫前的华表上是为了守望和监督皇帝。天安门的前面和后面各有一对华表。后面一对华表上的犼叫作"望君出"，意思是告诫皇帝不要耽于宫中享乐，要出宫去看看社会，体察民情。天安门前面一对华表上的犼叫作"望君归"，意思是提醒皇帝不要只顾游山玩水，要及时回宫处理朝政。总之这犼就代替了原来诽谤木的作用，表示对皇帝的监督。于是华表就成了皇权的象征，一般只是矗立在皇宫和皇帝陵墓前面。我们今天只能在北京故宫和各地的皇家陵墓才能看到华表，别处是没有的。现在北京大学里面一对华表是圆明园原来的遗物。

衙署是地方政府办公建筑，按地方政府的行政级别划分有府衙、州衙、县衙等。

都城以皇宫为中心，地方城市则一般以衙署为中心。翻开各地的地方志我们就会发现，中国古代的地方城市虽然没有都城那样完整的规划，没有那样规整的中轴线。但是几乎所有的城市都是衙署（府衙、州衙、县衙）处于城市中心位置，这一点也足以体现中国古代城市规划中的政治性因素。

衙署建筑一般按中轴对称的方式布局。中轴线上的主要建筑有大门、二门、大堂、中堂、后堂、后房及两厢等附属建筑。主体建筑高大雄伟，体现政府权力的威严。但区别于皇宫，一般不用黄色琉璃瓦，不用最高等级的龙凤等装饰。

衙署中往往还有监狱，是关押犯人的地方，监狱一般设在前部的两旁。

目前国内保存较好的古代衙署有河南内乡县衙、山西洪洞县衙、江西婺源县衙等。

3. 坛庙建筑

坛庙是中国古代的祭祀建筑。必须特别注意的是中国古代的祭祀并不是宗教，而是起源于原始社会人们对于天地自然和人文祖先的敬畏和感恩。中国是农业国，是否风调雨顺，是否五谷丰登，天地自然就决定了国家的命运和人们生活的一切。圣贤祖宗等前辈先人创造了文化，生养教育了子孙。所以人们对于天地神灵、自然万物、祖先前人充满着敬畏和感激之情，于是在一年之中特定的时节祭祀天地祖宗，自古就形成了这样的传统。

祭祀分为两类，一类祭祀天、地、日、月、社稷以及风云雷电山川河流等自然神灵，这类祭祀表达的是人与自然的关系。其中祭天是最高等级的仪式，只有皇帝才能祭天，因为皇帝是"天子"，上天之子，其他人都是无权祭天的。另一类祭祀人物，国家级的，最高级别的是祭孔子，全国各地都有孔庙、文庙。数量最多，最普及的是老百姓祭祖宗，即所谓家庙、祠堂。还有各地祭祀的著名人物、历史功臣等，例如祭屈原的屈子祠、祭柳宗元的柳子庙、祭诸葛亮的武侯祠、祭关羽的关帝庙等，这类祭祀表达的是人与人的社会关系。祭祀自然神灵的建筑叫"坛"，例如天坛、地坛、社稷坛等；祭祀人物的建筑叫"庙"或者"祠"，例如孔庙、关帝庙、家庙、祠堂等。

天坛是坛类建筑的典型代表。天坛建筑的象征手法主要表现在"形"的象征、"色"的象征、"数"的象征三个方面。中国古代自然观认为天是圆的，地是方的，所谓"天圆地方"。于是在建筑形象上，天坛做成圆形以象天，地坛做成方形以象地。祭天的祭坛——寰丘坛是一个三层的圆形坛台；存放"昊天上帝"牌位的皇穹宇是一个圆形殿堂；皇穹宇所在的庭院是一个圆形的庭院，即所谓"回音壁"；北端的祈谷坛又是一个三层圆形坛台，它的最典型代表祈年殿是一个三层的圆形攒尖顶建筑，成为中国古建筑中一个最奇特也最精美的建筑造型。一般人们一说到北

图 2-4　天坛鸟瞰

京天坛就立刻想到祈年殿，其实天坛中最重要的建筑并不是祈年殿，而是那个没有建筑的寰丘坛，因为那是皇帝一年一度举行最高等级的祭祀典礼——祭天大典的场所。只是因为祈年殿建筑之美，使人们都认为它是整个天坛中最重要的建筑了（图2-4）。

色彩的象征也是天坛建筑的一个突出特色。中国古代建筑的色彩是有等级之分的，黄色是最高等级，其次是红色，再次是绿色。然而天坛却是一个特例，这里最重要的颜色是蓝色，因为这是天的颜色。天坛中最重要的建筑都是蓝色屋顶，在这里蓝色的地位高过了皇帝专用的黄色。甚至天坛中皇帝居住的建筑——斋宫也不敢用黄色，而用绿色。在"天"的面前，皇帝也不敢尊大，他只是上天之子——天子。天坛祈年殿的三层蓝色圆形攒尖顶，自然成了象征天庭的最典型代表。然而其实最初明朝建造的祈年殿并不是三层蓝色屋顶，而是顶上一层蓝色，中间一层黄色，下面一层绿色，三层屋顶三种颜色。蓝色象征天，黄色象征地，绿色象征皇帝，也象征天下万物生灵。清朝乾隆年间重修祈年殿的时候，将三层屋顶全部换成了蓝色。光绪年间祈年殿遭雷击被烧毁，过后按原样重建，仍做成三层蓝色屋顶，这就是我们今天所看到的祈年殿了。

天坛建筑中还有一种象征手法——数的象征。在中国的建筑文化中"数"是有特殊含义的，其中一类是信仰层面，或者哲学层面的，即所谓"术数"。在天坛建筑中"数"的象征都是围绕一个"天"字，所有的数字都与天有关。祭天的寰丘坛上正中间是一块突出地面的圆形石块，叫"天心石"，周围用扇形石块墁铺，石块的数量均以九和九的倍数组成，因为"九"是阳数之极，就是天的象征。"天心石"周围第一圈是九块石块，名曰"一九"，第二圈是十八块，名曰"二九"，第三圈二十七块，名曰"三九"，依此类推，直到第九圈九九八十一块。整个上层坛面共有石块四百零五块，由四十五个九组成，而四十五又恰好是"九五"，正合"九五之尊"（图2-5）。

另外，祈年殿的建筑结构也是一个以数的象征为特征的杰作。其圆形建筑由内外两圈柱子和中央四根柱子支撑，中央四根柱子象征一年四季；内圈十二根柱子象征一年十二个月；外圈十二根柱子象征一天十二个时辰；两圈加起来二十四根象征一年二十四个节气；加上中央四根柱子总共二十八根，象征天上二十八星宿；建筑上部结构中有八根童柱，加上下面二十八根柱子，共三十六根，象征道教星神三十六天罡；祈年殿东边与宰牲亭相联的长廊有七十二开间，象征七十二地煞。在这里，几乎所有的数字都与天相关，在建筑结构上要符合于天数，而建筑造型又要美，我们不得不佩服当时工匠的创造性。

祭祀建筑还和"阴阳五行"思想有关。"五行"的思想最主要表现在"五方"和"五色"的象征。由

图2-5　天坛寰丘坛坛面

"五行"中的木、火、金、水、土，分别对应"五方"中的东、南、西、北、中，以及"五色"中的青、赤、白、黑、黄。北京天安门西侧的社稷坛（今中山公园）的祭坛是一座正方形的坛台，坛面上按照不同的方向分别填着五种不同颜色的土壤——东方青色，南方赤色，西方白色，北方黑色，中央黄色。社稷坛是古代皇帝祭祀土地之神"社神"和五谷之神"稷神"的地方，中国古代是农业国，土地和粮食是关乎国家命运的头等大事。有土地有粮食就意味着国泰民安，天下太平。久之，人们就把"社神"和"稷神"与国家社会的安定太平联系在一起，所谓"社稷江山"便是由此而来。国家的土地是一个东南西北中各方统一的整体，用五种颜色的土壤，分别代表着天下五方，象征着平稳安定的一统江山。

祭祀建筑中的另一类就是"庙"或者"祠"。在中国一般人们把宗教类建筑统称为"庙"，其实它们是有着准确的定义和严格差别的。佛教的叫"寺""院""庵"；道教的叫"宫""观"；中国传统的祭祀建筑叫"坛""庙""祠"。前面介绍的"坛"是祭祀自然神灵的，祭祀人物的叫"庙"或"祠"，例如孔庙、关帝庙、屈子祠、武侯祠等等。数量最多最普及的是老百姓祭祖宗的祠堂，也叫"宗祠""宗庙""家庙"。

纪念著名人物的祠庙一般建在与这人物相关的地方，例如湖南汨罗的屈子祠，建在屈原投江的汨罗江畔；在屈原的家乡湖北秭归也有屈子祠；陕西韩城是史学家司马迁的家乡，这里建有司马迁祠；湖南永州是柳宗元曾经生活过的地方，他在这里写了《永州八记》《捕蛇者说》等名作，这里至今保存着完好的柳子庙。另外还有四川成都的武侯祠纪念古代军事家诸葛亮、福建福州的林则徐祠纪念爱国名臣林则徐等等，不一而足。

而祭祀规格最高的则是祭孔子的孔庙或文庙，在数量上除了老百姓的家庙祠堂之外，就数孔庙最多。因为古代礼制规定，凡办学必祭奠先圣先师，所以凡有学校的地方就有孔庙。当然，全国最大的孔庙是孔子家乡曲阜的孔庙。除孔子庙以外，数量最多的就是祭祀关羽的关帝庙。孔子庙是国家祭祀，是官方兴建的，建筑等级上等同于皇家建筑。孔庙或文庙是最独特的，建筑的布局、建筑的造型规格以及名称都是全国一致的。文庙的主要建筑有照壁、泮池、棂星门、左右牌坊、大成门、大成殿、左右厢房、崇圣祠或启圣祠等，组成一个完整而又严谨的建筑群（图2-6）。

文庙一般不在正面开门，正前方是照壁。照壁被称为"万仞宫墙"，其名称出自于《论语》。《论语·子张》中记载有人称赞孔子的学生子贡的道德文章超过了孔子，子贡说这就好比宫墙（古代住宅叫"宫室"，"宫墙"就是指住宅的围墙），我家的宫墙只有肩膀高，里面有什么好东西人们都看见了。而我的老师孔子家的宫墙高"数仞"（"仞"是古代度量单位，一仞等于7尺），你不进到里面就不知道它有多好。后人将"数仞"夸张到"万仞"，用以形容孔子的德行学识之高深莫测。

　　文庙正面是照壁，入口从照壁两边的大门进，两座大门一般都做成牌楼的形式，左右两座牌楼的外面分别刊有"德配天地"和"道冠古今"的门额，内面有的分别刊"圣域"和"贤关"，有的则刊"礼门"和"义路"。总之，都是以儒家思想中的礼仪道德教化为主旨。

　　文庙中最有特色的一个东西就是"泮池"，所有文庙都有一个半圆形的水池，这就是泮池，它来源于中国古代一种特殊的教育体制。先秦时代称天子之学（天子亲自讲学的地方）叫"辟雍"，诸侯之学叫"頖宫"。所谓"辟雍"是中央一个四方形的殿堂，四面有水环绕。而诸侯讲学的"頖宫"，则是半圆形水面环绕。这种建筑形式有着很明确的象征意义，《白虎通》中说"天子立辟雍，行礼乐，宣德化，辟者象璧，圆法天，雍之以水，象教化流行"。其形象征玉璧，而又"雍之以水"，象征教化流行，这是有关教育的最典型的象征。今天我们还能看到一个完整的"辟雍"，就是北京的国子监。诸侯之学"頖宫"，也叫"泮宫"。"頖宫"的形式是半边环水，天子之学环水，诸侯之学半水，等级降一半，"半天子之学"。泮宫最初是一条带状的水渠呈半圆形三面环绕主体建筑，后来人们将这个占地较大的半圆形水渠缩小成一个半圆形水池，置于建筑的前面，这就是泮池了。由此泮池也就成了由诸侯办学演变来的地方官学的标志。后来很多文庙在泮池上建有一座石拱桥，叫作"状元桥"，说是要中了状元的人才能从桥上走过。这一说法其实并无确切的依据，真正的意义还是半圆形的泮池本身的含义——地方官学的象征（图 2-7）。

　　泮池后面有一座牌坊，叫作棂星门。一般只有祭天的建筑有棂星门，祭天之前要先祭棂星，孔庙文庙有棂星门说明祭祀规格之高如同祭天。

　　文庙的中心建筑是由大成门、大成殿及两边厢房组成的四合院。大成门、大成殿的名称来源于孟子语"孔子之谓集大成"（《孟子·万章》），意指孔子是自尧舜文武等上古先王圣贤以来思想文化的集大成者。大成殿内正中的神龛中有的供奉着孔子塑像，有的不塑像，只供神牌（牌位）。有的文庙大成殿内将孔子像塑成头顶冠冕旒苏，身着龙袍的帝王形象，因为历史上孔子被历代君王封为各种"王"的称号。另有大部分文庙将孔子像（塑像或画像）做成布衣学者的形象。这两种不同的做法代表着两种不同的倾向，前者主要表达了对孔子社会地位的崇拜，并带有一定的迷信色彩（把孔子当成了神）。后者则主要表达一种文化观念——对孔子思想和学术理论的继承。为了表达对儒家思想的继承，除了对孔子祭祀以外还要有"配祀"和"从祀"，即所谓"四配""十二哲""乡贤""名宦"等。

　　大成殿后面一般还有一座殿堂，比大成殿的规模相对较小，是文庙的最后一进，叫"崇圣祠"。崇圣祠内祭祀的是孔子的父母。有的文庙中叫"启圣祠"，启圣祠祭祀的是孔子的五代先祖。这一点表明了儒家提倡"孝亲"的思想，在祭祀上也要有所体现。

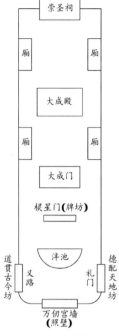

图 2-6　文庙平面

图 2-7　辟雍和泮池

27

中国古代的文庙建筑有着明确的文化内涵，不论从建筑形式还是建筑的名称，都是如此，应该说它是中国古代建筑中文化内涵最多的一种建筑类型。它不仅形成了全国统一的建筑形制和统一的名称，而且影响到周边国家。例如韩国、日本、越南等国，都有孔庙或文庙，其建筑形式和名称也都和中国的一样，这也表明儒家思想对亚洲地区的影响。

孔庙、文庙是和皇宫同等的最高等级建筑，其建筑一般是宫殿式样，红墙黄瓦，重檐歇山式屋顶。不论在哪个偏僻的县城，都是如此。所以一个地方的文庙，一定是当地最高等级的建筑，因为它的建筑等级高于地方政府官署的建筑等级。

另外还有一些建筑元素也都表明孔庙文庙建筑的等级地位。例如大成殿前的丹墀（大殿前面台阶上雕龙的斜坡道），只有皇家建筑才能做丹墀，但不论哪个小县城里的文庙，大成殿前都有丹墀。龙的图案是皇家建筑才允许有的装饰，以石头雕刻的龙柱来装饰建筑则更是成了孔庙、文庙建筑的特色。中国古代建筑的柱子本来是不做装饰的，除了柱础做雕刻以外，柱身上光光的只是涂刷油漆。而孔庙文庙的柱子则常做成雕龙石柱，山东曲阜孔庙大成殿正面十根蟠龙石柱，其雕刻之精美堪称国内之最。据史书记载，每当皇帝到曲阜亲临祭孔，人们都要将大成殿的龙柱用红绸包裹起来。一是表示祭祀礼仪的隆重；二是怕被皇上看见，因为如此精美的龙柱连皇宫里都没有，确实紫禁城里都没有这样的龙柱。可能是因为曲阜孔庙做龙柱开了先河，后来很多地方文庙也都做龙柱，也都是极尽华美之能事，例如贵州安顺文庙的龙柱和湖南宁远文庙的龙柱等。

然而，在"庙"这一类祭祀建筑中有一个比较特殊的种类——岳庙。所谓"岳庙"，是指五岳（东岳泰山、西岳华山、南岳衡山、北岳恒山、中岳嵩山）祭祀的庙宇。中国古人认为东南西北中天下五方各有一位大神掌管，皇帝每年要亲临祭拜或委派朝廷大臣前往祭拜，以求得天神保佑天下平安。五岳祭祀不是宗教，从本质上来说是属于政治性的，它们是皇家祭祀场所，和天坛、地坛、社稷坛是同样的性质。皇帝祭天、祭地、祭社稷、祭五岳的目的都是为了天下一统的江山万代永固。所以五大岳庙的建筑也都是皇家建筑的等级规制，红墙黄瓦的皇家色彩，屋顶用重檐歇山。泰山脚下东岳庙的主殿天贶殿更是采用了重檐庑殿顶，最高等级的式样。其他岳庙建筑规模也都是九开间，大殿前台基踏步用丹墀，这些都是只有皇家建筑才能用的。五岳庙的祭祀规格也是最高等级的，属于皇家祭祀，要么皇帝亲临祭祀，要么委派朝廷官员致祭，其他宗教都不能与其相比。

湖南衡山的南岳庙就是典型。南岳大庙祭祀的是统管南方的"南岳圣帝"，相传圣帝就是火神祝融，阴阳五行中南方属"火"，南岳最高峰叫"祝融峰"。南宋以后，由于北边的东、西、北、中四岳均已丢失。南岳祭祀成为皇家祭祀的中心，其他宗教都陆续向这一中心靠拢，到清初康熙年间，在大庙西边已经有了八座佛教寺院，相应的在东边也建有八座道教宫观。

今天南岳大庙的总体布局是中轴线上为大庙主体建筑，有棂星门、正南门、嘉应门、圣帝殿、寝殿等，宫门殿堂重重叠叠，宛若皇宫。东西两侧"八寺八观"排列，形成众星拱月的形势。佛教是西边来的，所以建在西边，道教是东方的，所以建在东边，中间是皇帝祭祀的南方大神。宗教服从政治，仍然是中国的传统（图2-8）。

4. 陵墓建筑

陵墓，尤其是皇家陵墓，是中国古代建筑的一个重要类型。这里所说的陵墓，不是一般的坟墓，古代重要人物的陵墓往往是地面下有地宫，地面上有相关的祭祀建筑，组成一个浩大的工程。陵墓建筑中最重要的部分是地下宫殿，即所谓"地宫"，地宫的建造方式主要是采用砖石拱券技术。中国古代建筑以木结构为主，木结构是梁柱结构（用柱子支撑横梁）。西方古代建筑以砖石结构为主，砖石结构的长处是拱券，用小体块的构件就可以拱出大空间。两千多年前古罗马时代的拱券技术就已经达到了很高的成就。在中国古代，砖石拱券技术除了用于桥梁以外主要就是用在陵墓地宫的建筑中。因为地宫中潮湿，做木结构容易腐烂，于是只好用砖石拱券来造成空间，因此在陵墓建筑中发展了中国古代的砖石拱券技术。

而在文化方面，陵墓建筑所体现的则是中国古代对人的生死轮回的思想观念。中国古代历来有厚葬之风，因为中国人相信人死之后在另一个世界继续生活，这就是所谓"阴间"，在那边过着与阳世同样的日子。而坟墓就是死去的人在阴间居住的房屋，所以叫作"阴宅"。死去的人在阴间过的生活好不好，就决定于他被埋葬得好不好，随葬的东西多不多，也就是送葬的人给他带到那个世界去的东西多不多。带去的东西多，他在那边就能过好日子，

图2-8 南岳庙平面图

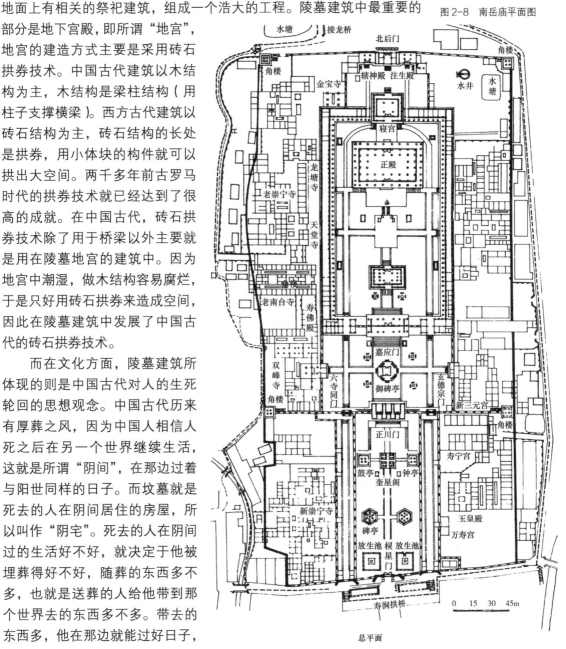

总平面

反之就会受苦挨饿。因此对待死人要像对待活人一样，这就是中国古代所谓"事死如事生"，这种观念一直延续到今天。正是因为这种观念，导致了中国历史上的厚葬之风，即在埋葬死人的时候，将大量金银财宝奢侈品和生活用品用具作为随葬品埋入墓葬之中。考古学界每发掘一座古代贵族墓，都会有惊人的发现。同时，历史上屡禁不绝的盗墓现象，也是因为这种厚葬之风所导致的。

陵墓建筑最著名的是秦始皇的陵墓——骊山陵。陵墓主体是一个三层方形夯土台，东西宽345米，南北长350米，现存残高87米。有内外两层围墙环绕，内墙长2.5公里，外垣长6.3公里，为中国历史上最大的陵墓。关于秦始皇陵内部的情况，两千多年来一直是一个未解之谜，也是文学作品中津津乐道的一个话题。它用了70多万刑徒，干了十年才得以建成，其工程之浩大，内部之奢侈程度，让人们浮想联翩。今天为了保护的需要而没有发掘，不能确切知道陵墓内部的情况。但司马迁《史记》中也有一段关于秦始皇陵内部情况的记述，大意是陵墓地宫顶部做成半球形穹窿，镶嵌珠宝，象日月星辰。地面开挖沟渠，灌注水银，象江河大地。用东海鱼油点长明灯。所有这些做法无非就是一种象征，秦始皇是天地之间永久的统治者，其奢华程度难以想象。另一方面也可以间接说明，秦始皇陵兵马俑的发掘，就已经是轰动世界，被称为"世界古代第八大奇迹"了。秦陵兵马俑今天已经发掘出来的士兵俑就有七千多，还有没发掘的，另外还有100多架战车、400多匹战马，全都是1：1的真实尺度。这是一个浩大的工程，因为从陶瓷制作工艺技术的角度来看，这种真人大小的兵马俑像制作一个都不容易，何况如此大的数量。兵马俑还只是陵墓的陪葬坑，还不是陵墓主体，按一般道理，陵墓主体中一定有比陪葬坑更加壮观的场面。

中国古人的这种厚葬之风直接导致了包括建筑在内的工艺技术的高度发展。为了给死人埋葬得好，墓葬建筑必须采取各种措施使之坚固耐久，同时还要采用很多其他的防护和保护技术，尤其又是在地下这种特殊环境中，比一般的地面建筑难度更大。所以中国古代建筑中最高超的砖石拱券技术就是首先在墓葬建筑中发展起来的。古代很多砖石雕刻艺术品也是在墓葬中得以保存下来的，例如很多汉墓中出土的画像砖、画像石，不仅能让我们看到那些已经不存在的建筑形象，而且还保留下来很多历史、文化、生产、生活等各方面的信息。在防潮防腐技术方面，墓葬建筑也做出了特殊的贡献。

陵墓地宫用砖石拱券的方式建成。进入墓门通过一个长长的斜坡向下的墓道，墓道两侧墙壁上有时装饰着壁画。壁画内容往往是墓主人生前生活的场景等。地宫内有棺床，棺材就放在棺床上。有时有皇帝、皇后或家人合葬，就几口棺材同时放在一个棺床上。

陵墓建筑分两部分，一部分是地下，即墓葬本身（地宫）；另一部分是地面，即祭祀建筑等。大型陵墓的地面建筑主要有神道、牌坊、祭殿、方城明楼等。神道是陵墓前面通往陵墓主体的大道，两侧立着石头雕刻的人物和动物，叫"石像生"。神道是有等级的，必须是贵族和高等级的官员以上的陵墓才能有神道。唐高宗李治和女皇武则天合葬的乾陵（陕西扶风）的神道长达5公里，是目前皇陵中最长的。北京明十三陵的神道比较特别，一般是每一座陵墓就有一条神道，而十三陵是十三个皇帝的陵墓共一条神道。前面建一座宏伟的牌坊，长长的神道进去以后再分别进到各座皇陵。

图 2-9　明长陵

陵墓的主体建筑是以祭殿为中心的一个庭院，前有院门，进入院中再是正殿。现存皇陵中最大的祭殿是北京十三陵中永乐皇帝的陵墓——长陵的棱恩殿。重檐庑殿顶，九开间，其规模仅次于北京故宫太和殿和太庙（现北京劳动人民文化宫）大殿，是单体最大的三大古建筑之一。棱恩殿内部构架全部采用巨大的整根金丝楠木柱，不施油漆，数百年过去了仍完好如初，无虫蛀，不腐烂。祭殿的后面是方城明楼，方城明楼内往往是一座巨大的纪念碑，其后面就是陵墓地下通道的入口，构成一个完整的建筑群（图 2-9）。

皇帝陵墓以外的其他贵族及朝廷官员陵墓则具有明显的地域特色。

5. 宗教建筑

中国古代本来是没有宗教的，东汉明帝时佛教传入，后来又产生了道教。这里要特别说明的是，很多人以为道教产生于春秋战国时代，是老子创立的，这种说法是不对的。老子创立的是道家哲学，而不是道教。是后来的道教以老子的思想作为教义，尊老子为教祖，使人们误以为是老子创立了道教。

在佛教传入以前，中国只有传统的祭祀和一般的迷信。真正的宗教必须有教义、宗教组织、正规的仪式等条件，中国传统祭祀是感恩和纪念（参见前述坛庙建筑）；一般老百姓的烧香磕头只是迷信，都不是宗教。要注意区分宗教与迷信、宗教与中国传统的祭祀之间的关系。

从建筑上来说，佛教的建筑叫"寺""院""庵"；道教的建筑叫"宫""观"；中国传统的祭祀建筑有"坛""庙"或"祠"。三种建筑在性质上是不同的，不能混淆。

佛教和道教虽然在教义和思想文化背景上各不相同，但有一点是相通的，即强调静心修炼。所谓"静修"就是要脱离尘世，躲到清静之处去修养心性。所以不论佛教道教，都选择在深山老林中修建寺院宫观，有一句俗语"天下名山僧占多"就是这样来的。于是在全国各地形成了很多佛教名山和道教名山，例如佛教有山西五台山、浙江普陀山、四川峨眉山、安徽九华山；道教名山有湖北武当山、四川青城山、江西龙虎山、安徽齐云山等。

佛教来自印度，但是印度的建筑显然不符合中国人的传统精神和审美趣味，所以佛教建筑中最主要的寺庙殿堂，并没有特殊的造型和风格，和一般宫殿衙署类建筑没有什么区别，只是功能性质上不同，艺术装饰上有差别。同样，道教宫观在建筑上也没有什么特别之处，和宫殿建筑、佛教寺院差不多。唯独具有特殊性的是佛教有塔和石窟。

中国现存最早的宗教建筑是河南登封的嵩岳寺塔，木结构殿堂建筑现存最早的也是宗教建筑——山西五台山的南禅寺大殿，始建于唐代。另外山西五台山的佛光寺大殿，也是建于唐代。这两座建筑从造型风格到内部结构都保留着典型的唐代建筑风格，是目前国内最宝贵的两座殿堂。唐代建筑的造型风格是宏伟舒展，大气磅礴。屋顶坡度比较平缓；檐下斗栱硕大，出檐深远。柱子粗壮，气势宏大。

中国唐代佛教建筑对日本影响很大，日本在隋唐时期大规模学习中国，佛教建筑领域也不例外。今天日本仍大量保存着唐朝时期的佛教建筑，有的保存下来的比中国保存的年代还要早。例如法隆寺金堂就号称是目前全世界保存下来最早的木构建筑，相当于唐代，但比中国的南禅寺大殿还要早一点。

道教建筑最著名的有山西芮城的永乐宫、武当山建筑群等。山西芮城的永乐宫原在永济县，20 世纪 50 年代修建黄河三门峡水库，这一地区将要被淹没。为了保存这一难得的国宝，将其迁移到芮城县现在的位置。永乐宫三清殿是其中最著名的代表。此建筑建于元代，单檐庑殿顶，黄色琉璃瓦，屋脊两端的鸱吻极其华丽，是国内现存元代建筑中最宝贵的范例。

永乐宫三清殿不仅建筑宝贵，殿内墙上保存着一幅元代的壁画也是中国美术史上的瑰宝。画面高 4.26 米，全长 94.68 米，共计 403.34 平方米，占满大殿内三面墙壁。壁画中画着道教三百天神朝拜元始天尊的场景，天神形象各异，个个生动传神。高达几米的人物衣冠长袍，飘逸灵动，线条流畅，一气呵成，艺术手法极其高超。

塔

塔是宗教建筑中一个特殊的种类。中国古代本来是没有塔的，佛教传入，带来了塔这种特殊的建筑。塔的最初起源是印度佛教僧侣的坟墓，一个砖石砌筑的覆钵形坟包，上面竖着相轮，叫作"Stupa"，中国人译作"窣堵坡"。传入中国后，中国人把它作了改造，建成一个中国多层楼阁的形式，把原来印度的"Stupa"缩小放在顶上，变成了今天我们看到的塔顶上的塔刹。

塔传到中国最初是用来存放"舍利"的，叫"舍利塔"，今天在全国各地还能看到大小不等，造型各异的舍利塔。"舍利"是佛教僧侣圆寂火化后产生的一种结晶体颗粒，称为"舍利子"，据说要学养高深，德高望重的高僧才能有舍利。历史上最著名当然是佛祖释迦牟尼的舍利了。史称早年印度阿育王到中国，送给中国皇帝隋文帝一包佛祖释迦牟尼的舍利子，隋文帝把它分成五十多份分送给各地州府，分别建造舍利塔收藏。相传长沙岳麓山的舍利塔就是当时分藏佛舍利的五十多座塔之一，只是原塔已经被毁，现存的是民国时期重建的。

塔的造型在各时期不断发展演变，到明清时期已经形成了五种类型。

（1）楼阁式塔

基本上是中国多层楼阁的形式，只是塔顶有塔刹。唐代的塔主要是方形平面，唐以后多为六边形、八边形。早期的塔木结构居多，后来多为砖、石，但做成仿木形式。楼阁式塔较大的多为空心，能登临远眺。楼阁式塔著名的实例有山西应县佛宫寺释迦塔（老百姓称"应县木塔"）、西安大雁塔、苏州虎丘云岩寺塔、泉州开元寺镇国塔、仁寿塔等。

（2）密檐式塔

多为砖石砌筑的实心塔，不能登临。塔身多有雕刻装饰，有的做假门。层层密檐叠涩出挑，檐下做小佛龛，内有菩萨像，外轮廓有直线形和曲线形。著名的实例有河南登封嵩岳寺塔（国内现存最早的塔）、云南大理崇圣寺三塔等。密檐式塔一般多为纪念佛教僧侣的墓塔，在大规模的寺庙附近常有塔林，即为寺院僧人的墓地。

（3）单层塔

顾名思义，单层塔就是只有一层屋檐。一般为砖石砌筑的实心塔，平面有方形、六角、八角。外表装饰有神龛和各种图案，少数规模较大的有门，可以进入。著名实例有山东济南神通寺四门塔等。单层塔也多为僧人墓塔。

（4）喇嘛塔

喇嘛塔是藏传佛教建筑，因藏传佛教又称喇嘛教，所以叫喇嘛塔。藏传佛教元代开始进入中国，主要在北方地区传播，较少来到南方。喇嘛塔塔身做成宝瓶形，下部有须弥座，塔身一般涂成白色，所以俗称"白塔"。著名的实例有北京妙应寺白塔、北海白塔等。

（5）金刚宝座塔

金刚宝座塔本是印度佛塔的一种形式，在藏传佛教中较多使用。下为方形塔座，即"金刚宝座"，上竖五座小尖塔，中间一座较大，四角上的较小。塔座正面有大拱门，四周墙上做多层排列的小佛龛。典型实例有北京正觉寺金刚宝座塔等。较为特别的是湖北襄阳广德寺多宝塔，其下部的金刚宝座不是方形，而是八方形。宝座顶上的五座小塔也造型各异，中央为一座喇嘛塔，四座小塔则为六角形密檐塔（图2-10）。

塔本来是佛教特有的建筑，但是传入中国后与中国传统文化相结合产生了一些变化，出现了一种特殊性质的塔——风水塔。风水塔和佛教完全不相干，其功能主要有两类，一类是"文塔"，像文笔，希望出人才；一类是"镇妖塔"，多建于水边。古人认为发洪水是水妖作怪，建塔以镇压水妖。

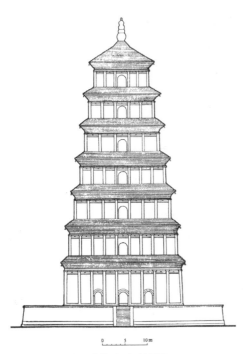

楼阁式塔（西安大雁塔）　　　　密檐塔（登封嵩岳寺塔）

单层塔（山西平顺唐明惠大师墓塔）

喇嘛塔（北京妙应寺白塔）　　　　金刚宝座塔（北京西山碧云寺塔）

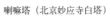

图2-10　塔的五种类型

石窟

　　石窟也是佛教特有的一种特殊的建筑，最初起源于印度佛教的"支提"。所谓"支提"是在山边崖壁上开凿出一个个小型洞窟，供佛教僧侣们住宿修行，一个洞窟里只容纳一个僧人，闭门苦修。这种支提随着佛教传入中国演变成了石窟寺，即用石窟来供奉佛像。

　　中国开凿石窟的盛期从北魏开始，到唐代达到鼎盛。最著名的石窟有甘肃的敦煌石窟、麦积山石窟，山西云冈石窟、河南龙门石窟、新疆的克孜尔千佛洞、四川大足石窟等。

　　石窟往往是成群出现，选择在石质比较好的地带，在崖壁上开凿出少数巨型洞窟和大量小型洞窟。洞窟中凿出大体量的佛像或者小型壁龛里凿出小佛像。大型洞窟中除了供佛像外，还常绘制壁画，制作雕塑，成为佛教艺术的集中之地。最著名的当属甘肃敦煌石窟。敦煌石窟以精美的壁画和塑像闻名于世。它始建于南北朝时期，经隋、唐、五代、西夏、元等历代的兴建，形成巨大的规模，现有洞窟735个，壁画4.5万平方米，泥质彩塑2415尊，是世界上现存规模最大、内容最丰富的佛教艺术圣地。近代发现的藏经洞内的大量古代佛教经卷和文物衍生出一门专门研究敦煌艺术的学科——敦煌学（图2-11）。

图2-11　敦煌石窟

　　石窟作为一种建筑，还有一个特点就是在崖壁石窟的外面再建建筑，这就是所谓"石窟寺"。往往是在石窟外面立柱支撑建筑构架的一端，另一端则插入石窟内崖壁上凿的洞内。

6.风景园林建筑

　　园林艺术表达的是人与自然的关系，体现了人对自然美的欣赏与追求。中国古人很早以前就开始了对自然美的追求，赏风景，赞美风景，不仅成为一种高尚的文化活动，而且人们借此来表达自己的思想情操和个人感情。所以中国古代风景文化和文学艺术有着紧密的关系，古代著名的"三大名楼"、"四大名亭"都和著名的文学作品直接相关。文因景而生，景因文而名（图2-12）。

图 2-12 "三大名楼"之一
岳阳楼

在风景文化的基础上产生了园林艺术。同样是表现人与自然的关系，但中国园林和西方园林又大不相同，中国园林以不规则的、自由的布局，模仿自然山水，表达自然之美；西方园林规整的布局，笔直的道路、水池喷泉、修剪整齐的草坪，改造自然，表达人工之美。这种园林艺术的差异实际上表达的是中国和西方古代不同的哲学思想。

中国古典园林大体上可分为两大类：皇家园林和私家园林。

皇家园林的特点是占地大，大山大水，视野开阔；园中开辟大片湖面，象征东海，湖中做岛，象征东海神山；建筑宏伟，色彩华丽，装饰金碧辉煌，体现皇家气派。

皇家园林占地大本身也是权力地位的象征，"普天之下莫非王土，率土之宾莫非王臣"，今天我们能够看到的皇家园林——北京颐和园、北海、中南海、承德避暑山庄，都是以大而著称。早期的帝王园林叫"囿"，后来叫"苑囿"。这种"囿"或"苑囿"，除了我们今天一般园林的游览观赏的功能以外，还有一个重要的功用就是种植蔬菜瓜果农作物，放养动物和狩猎，甚至这些实用功能都超过了游览观赏的功能。后来的演变为以游览观赏的功能为主了。

皇家园林都要做很大的湖面，往往都是人工开凿的，同时借挖湖的土石堆砌成湖中的岛屿和山，这种造园手法来自于神仙方术的信仰。在中国古代神话中东海中有神山，一种说法是四座：蓬莱、方丈、瀛洲、壶梁；一种说法是三座：蓬莱、瀛洲、方壶（把方丈和壶梁合二为一）。不论是三座还是四座，总之它们都是仙山琼岛，岛上住着神仙，长着能长生不老的仙药。中国历朝历代的皇帝都信奉这种关于长生不老的仙术，一心向往着仙山琼岛上的神仙生活。最著名的当属秦始皇派方士徐福带领三千童男童女去东海神山寻找仙药的故事，徐福一去不返，相传是到了今天的日本。日本今天仍有很多地方流传着关于徐福登陆日本，带去了先进的文化和生产技术的相关传说。秦始皇以后，几乎每个朝代都有皇帝炼丹求仙的故事，笃信黄老之术，向往长生不老成了古代帝王们共同的追求。

因为皇帝们向往长生不老的仙山琼岛可望而不可及，因此就在皇家园林中做出大片的湖面以象征东海，湖中做岛屿，象征东海中的神山。这种造园手法就成了历朝历代皇家园林的固定手法和共同特点，从史书中记载的秦汉皇家苑囿，直到今天我们能看到的清朝皇家园林都是如此。不仅造园手法，甚至连名称都是来自于东海神山或者与此相关的含义。汉代建章宫中开辟了"太液池"，池中做了三个岛，分别叫蓬莱、方丈、瀛洲；隋代洛阳西苑中开辟"北海"，周环四十里，中有三山：蓬莱、瀛洲、方丈；唐代大明宫中有"太液池"，又名"蓬莱池"，池中有"蓬莱山"，池旁有"蓬莱殿"；北宋著名的皇家园林艮岳，本来就是由"万岁山""寿山"改名而来，园中又有蓬壶堂。元代定都北京，名叫"大都"，在皇宫西边建造"大内御苑"，位置就是今天的北海和中南海，只是当时的规模比较小，只有北海和中海，南海尚未开凿。大内御苑中的核心是"太液池"，池中从北到南排列三座岛屿，北边的叫"万岁山"，即今天北海中的"琼华岛"，南边的岛叫"瀛洲"，即今天中南海中的"瀛台"，延续着秦汉以来"一池三山"的固有做法。明清北京的皇家园林仍然还是延续着这种观念，只是在名称上稍有变化，不一定直接使用东海神山的名称，更注重象征意义。颐和园的昆明湖中做有三个小岛，象征蓬莱三山，颐和园的中心的大山叫"万寿山"（也是追求长生不老的意思）；北海中的岛屿叫"琼华岛"，所谓"琼华岛"，就是神仙居住的地方。在中国古代语言中，凡带有"琼"字的就与神仙有关，神仙住的地方叫"仙山琼阁""琼楼玉宇"，神仙喝的酒叫"琼浆玉液"，所谓"琼华岛"也就是神仙居住的岛。琼华岛上还有"仙人承露"的石雕，一个仙人双手托盘，高举过头，承接天上的露水，用来炼仙丹，炼丹服药是道教神仙方术中追求长生不老的主要手段。总之，在数千年的历史上，中国皇家园林的基本造园手法就是对于长生不老的神仙境界的追求。

与皇家园林相比，私家园林的特点是占地小，小桥流水，树木荫蔽，曲径通幽，假山怪石点缀其间；建筑朴素，色调淡雅，无过多装饰，体现文人气质。

中国古代的私家园林大多数是士大夫阶层所建造的，这些人有着较高的文化修养，又比较有钱，因为中国古代的官僚制度是"学而优则仕"，读书做官。这些人我们今天叫他们"文人"，他们建造的园林我们称之为"文人园林"。在中国历史上文人园林的兴起和发展有三个重要的阶段，一是魏晋南北朝时期，文人园林开始兴起，成为中国文化艺术中一个重要的类型；第二个阶段是宋朝，文学艺术的发展促使园林艺术发展，造园艺术达到高峰；第三个阶段是明清时期，社会经济以及文化的发展，使园林艺术再一次形成高峰，留下了以苏州园林为代表的一大批传世杰作，成为中国文化艺术的经典。

魏晋南北朝时期是中国历史上一个特殊的时期。氏族集团之间互相争夺，互相倾轧，导致政权频繁更替，人们难以把握社会的状况和自身的命运。与此同时，北方少数民族大举进入中原，尤其以匈奴、鲜卑、羯、氏、羌等五个民族进入中原地区，与汉族争夺生存空间，这就是历史上所说的"五胡乱华"。在民族大冲突、大争夺的同时，也出现了民族文化的大融合。这一时期的社会状况总的来说就是战乱频繁、政治黑暗、社会动荡、民不聊生。文人知识分子只有逃避，逃离现实，逃离这个肮脏的尘世。最好的去处就是自然界，山林溪流之间，那是一方远离红尘的净土。逃离现实追求自然为共同的思想倾向，并由此而形成当时的风尚，陶渊明的《桃花源记》和"竹林七贤"的名士风流就是这一时期的典型代表。逃离社会，追求自然最容易的就是在自己的宅第旁边兴建园林，小桥流水，假山怪石，林壑幽深，进到里面就像是与世隔绝，远离了喧嚣，这就是文人园林的旨趣。今天当我们在苏州拙政园中，在上海豫园中，我们能够体会到古人那种闹中取静，远离尘世的追求。

不仅仅是园林，魏晋南北朝时期还有两种重要的艺术与它同时兴起，一是山水诗，一是山水画。中国古代很早就有诗歌，春秋时期的《诗经》就是采集了商周以来各地的民间诗词歌谣而成，但是那时的诗歌内容都是描绘的现实生活：国家大事、战争风云、劳动生产、男女爱情等等，没有专写自然风景的诗歌作品。而魏晋时期开始出现了不写人，专门歌颂自然山水的诗词歌赋。美术也是如此，魏晋以前的中国绘画只有人物画，没有山水画，内容也都是现实社会生活，或朝廷礼仪，或战争场面，或生活小景。山水树木只是作为人物故事的背景在画面里稍微配一点，而且应该说都画得很幼稚，说明人们没有花精力去关注自然山水之美。然而从魏晋时期开始，出现了少画人物或不画人物而专门描绘自然山水的绘画作品。今天，众所周知山水画已经成了中国画中一个重要的门类，而且是最重要的门类之一。在魏晋南北朝这一特殊的年代，山水诗、山水画和文人园林同时兴起，这绝不是偶然的巧合，而是由于这一时代特殊的历史背景，导致了人们对于自然美的觉醒。而且从此以后，一发不可收，成为中国文学艺术中一个主要的内容和最重要的特点，一直延续至今。

中国古代园林除了皇家园林和私家园林以外还有一类寺观园林和书院园林，事实上寺观园林和书院园林在文化类型上与文人园林属于同一类，其旨趣也与文人园林相似。他们所追求的不是像皇家园林那种东海神山的仙境和长生不老的幻想，而是与魏晋文人们一样逃避现实，追求自然乐趣的精神境界。寺观园林则更是远离尘世的"净土"的象征，是佛教徒们去除世间烦恼，静心修炼的好场所。佛教的本旨就是超脱尘世，远离俗缘，去除世间的烦恼，躲到深山老林中去修养心性。所谓"天下名山僧占多"，就是这个道理。建造佛教寺庙常常选择远离闹市的深山之中，不在深山之中而在城市里建的寺庙就在周边建造园林，人工造出一方净土。书院是中国古代的学校，是文人最集中的地方，书院园林供书生士子们游览风景，在欣赏自然美景的同时修养闲情逸致，陶冶性情。佛教徒的精神修炼与文人们的性情修养在本质上是相通的。

园林也有地域风格，总的来说是北方园林比较粗犷，南方园林比较秀美，这都是因为地理气候的原因。尤其是地处亚热带的广东的岭南园林，更是一派南国风光。

园林建筑在千百年的历史过程中积累了很多经验，形成了很多造园手法，使得中国的园林艺术丰富多彩，趣味无穷。

图2-13 长沙岳麓书院

7. 书院建筑

书院是古代的学校。中国古代的学校分为官办和民办两类，官办的叫"学宫"，民办的叫"书院"。书院也可分为两类，一类是低等级的，启蒙性的，类似于今天的小学和中学；另一类是高等级的，研究性的，类似于今天的大学和研究院。书院的建筑一般有讲学的讲堂、住宿自修的斋舍、藏书楼、祭祀的专祠等。书院建筑在各方面体现出儒家所理想的教育方式和教育思想（图2-13）。

（1）选址与环境营造

建造书院非常讲究选址，岳麓书院选址在湖南长沙著名的风景名胜区岳麓山下，这里森林茂密，漫山红枫，层林尽染；白鹿洞书院建在天下名山江西庐山五老峰下，这里林壑幽深，溪流潺潺。中国古人理想的读书场所就是茂林修竹，环境清幽的山林之间，这里远离尘世，心灵安静。

书院不仅讲究选址，而且还要着力经营周边环境。例如长沙岳麓书院，不仅选址在风景优美的岳麓山下，还在书院周边开挖沟渠池塘，引山泉入园中，种植树木花草，形成四季奇景，逐渐形成了著名的"书院八景"桃坞烘霞""柳塘烟晓""风荷晚香""竹林冬翠"等等。除此之外，还要在书院内建园林，引岳麓山上的泉水流入园中，号称"百泉轩"。另外，书院后面山谷中有爱晚亭；书院前面有自卑亭；直到湘江边上有牌楼。所有这些都构成书院的环境，都是书院的组成部分。

书院建筑的选址和环境经营，都是源自于儒家的教育思想和教育方法。儒家的教育思想中有一个重要的方面就是美育，即通过艺术和审美陶冶人的情操，使之成为有文明教养的高尚的人。在书院教育中，课堂讲授仅仅是教育的一部分。在平时，书院的师生三三两两在山间溪流茂林修竹之间闲游，或谈人生，或谈学问，或谈时务，这也是教育的一部分，甚至是更重要的教育。

（2）自由的讲学

中国古代书院的教育方式是灵活自由的，特别是那种高等级的书院，就相当于我们今天的大学或者研究院。在那里教学方式非常自由，没有固定的教学时间，没有固定的班级人数。一般书院都只有一个讲堂，处在书院的最中心位置。讲堂前面两旁排列着成排的斋舍，是学生们住宿自修的地方。平时学生们主要的时间都是自己读书研究，老师不定期地给学生们讲课。讲课时也没有固定的座位，老师坐在堂上，学生们三三两两自由地围坐在旁边听讲。讲课的内容也比较自由，并非照本宣科，而是自由地讲授，相互提问论辩。若遇请来名师大家讲授，则远近学子云集听讲，讲堂壅塞不能容下。因此很多书院的讲堂建筑做成一面全开敞的轩廊形式，当听讲人多容不下的时候，就自然向庭院中延伸。

岳麓书院宋代最盛时期，著名学者张栻主持书院，远道请来大哲学家朱熹讲课。朱张二人虽然同属理学正宗，但在一些具体的问题上学术思想仍有差异，两种不同的观点一起讲授论辩，成为学术史上著名的"朱张会讲"。史书记载当时全国各地学者云集岳麓听讲者逾千人。书院前面有一口供学子们的马匹喝水的池塘，叫"饮马池"，朱张会讲时前来听讲者之多，"饮马池水立涸"，来的马匹把一池塘水都喝干了，可见当时之盛况。今天岳麓书院讲堂上仍然摆放着两把椅子，便是对当年朱张会讲的一个纪念。江苏无锡东林书院明朝万历年间著名学者顾宪成等人在此聚众讲学，倡导"读书、讲学、爱国"的精神。顾宪成撰写的名联"风声雨声读书声声声入耳，家事国事天下事事事关心"家喻户晓，一时声名大著。

（3）祭祀文化

中国古代的祭祀其含义是感恩和纪念，在儒家的教育思想中，祭祀本身就是教育的一部分，它是一种特殊的教育方式，通过祭祀某位人物来教育后人。所以教育场所——学宫、书院都必定有祭祀的建筑。学宫有文庙祭孔子，一般书院中虽然没有完整的文庙，但也有专门祭祀孔子的殿堂。除此之外，每个书院还有自己独特的祠庙，用来纪念该书院历史上的著名人物，书院中的这类祠庙叫"专祠"。所谓专祠，就是专门纪念某些人的祠庙。这些人或者是这个书院历史上出现过的著名学者；或者是这个书院所崇奉的某个理论学说的创始人；或者是在这个书院的建立和发展历史上做出过重要贡献的人等等。以长沙的岳麓书院为例，里面就有濂溪祠、四箴亭、崇道祠、六君子堂、船山祠等专祠。濂溪祠祭祀宋明理学的创始人周敦颐（周濂溪），因为岳麓书院是以宋明理学思想为教育主旨，当然就要祭祀宋明理学的鼻祖。四箴亭祭祀宋明理学史上两位仅次于周敦颐的重要的人物——程颢、程颐。崇道祠纪念张栻和朱熹，张栻是宋代大儒，当时岳麓书院的山长（院长），朱熹是宋代著名哲学家，宋明理学的代表人物之一。六君子堂祭祀的是在岳麓书院历史上为书院建设和发展做出过贡献的六位人物。船山祠祭祀从岳麓书院毕业的著名哲学家王夫之（王船山）。

书院内的祭祀建筑——专祠，其建筑体量并不大，没有多么宏伟壮丽，其风格朴素淡雅而庄严，透出一股肃穆的气氛，让人顿生崇敬之意。不仅如此，专祠建筑如果有多座放在一起，其位置的排列关系还必须符合于礼的秩序，即按人物的地位高低来排序。

儒家礼制思想中对于祭祀极其重视，"礼有五经，莫重于祭"。《岳麓书院学规》中首先就说"时常省问父母，朔望恭谒圣贤……"。而礼制思想又是通过教育来实现的，所以祭祀建筑就成了中国古代的学校中必不可少的建筑。

书院作为古代的教学场所，今天已经成为历史。但是书院那种特殊的教育方式今天仍可以为我们所借鉴，有些方面甚至正是我们今天所缺少，所需要的。

8. 祠堂建筑

中国人是一个具有强烈的祖先崇拜意识的民族，祭祀祖宗是中国人自古以来的传统。祭祀祖宗的建筑就叫"宗庙"或"宗祠"，皇家的宗庙叫"太庙"（今北京天安门东边的劳动人民文化宫），民间一般叫"祠堂"。祠堂建筑主要由大门、前堂、正堂以及两旁的厢房所组成，按中轴对称的方式，围合成庭院。正堂内供奉着祖宗牌位，两旁有夹室，分别存放族谱和祭祀用具。

在中国古代宗法社会，家是最重要的社会单位，因此作为家的代表的祠堂也就具有了非常重要的地位和作用。祠堂是一个家族最重要的地方，家族中的重要事情都必须到祠堂中去进行。家族中有人结婚，必须到祠堂去举行婚礼；家族中有人去世，必须到祠堂去举行丧礼；家族内部有重要事情，族长在这里召集族人共同商讨；若是家族内出了不肖子孙，族长就在这里召集全体族人，当着大家的面执行"家法"，打屁股，以警示告诫其他人。总之所有家族事务都到祠堂去，这种做法表明了一种观念，即凡事"必告于先祖"，当着祖宗的面进行。同时也是告诫后人不要忘记根本，所以很多家族祠堂的名称也都具有这种含义，例如"报本堂""敦本堂""叙伦堂"等等。

祠堂是一个家族或姓氏的代表，它体现一个家族或姓氏在地方上的地位、势力、威信和荣誉。因此祠堂之间的互相攀比就成为一个不可避免的趋势，你们张家的祠堂建得宏伟壮丽，我们李家的祠堂一定要超过你，他们刘家的祠堂建得更加气派。各家各姓聚集族人，倾尽财力物力，务必把祠堂建得壮美无比，一定要超过人家。在这方面广州市内的陈家祠达到了登峰造极的地步，因为它是广东省72县的陈姓的总祠，集中的财力是其他祠堂难以与其相比的。其建筑不仅规模宏大,建筑用材之精,装饰之华美都可以说是国内首屈一指。仅就装饰而言,石雕、木雕、砖雕、泥塑、彩画等传统装饰工艺全部用上,还有当地特色的著名的广东石湾陶瓷以及西洋式的铸铁艺术和玻璃工艺等等,全部用于建筑装饰。从屋脊、墙头、墙面到梁枋构架、柱头柱础、门窗、栏杆、台基踏步等,所有部位凡能装饰的地方全部做满装饰,真可谓"无以复加",可以说广州陈家祠是国内古建筑装饰豪华之首(图2-14)。其次还有安徽绩溪县的胡氏宗祠,因为明清以来此家族中出过很多重要人物,所以祠堂建得非常宏伟。当然,从建筑规模和装饰的豪华程度上不能和广州陈家祠相比,但其最具特色的装饰艺术是木雕,其木雕的精美程度可以说冠绝海内,它也是国内最华美的祠堂之一。

图2-14 广州陈家祠

　　各地家族祠堂,虽不能和国内那些著名的祠堂建筑相媲美,但是在建筑上也都是尽可能地做得豪华壮丽。例如湖南省有汝城和洞口两个县,古代祠堂建筑很多,今天保存下来的还有很多,而且都在偏远的乡村,那建筑之华丽程度都出乎人们的想象。

　　祠堂具有教育功能,古代私家办学的地方叫作"塾",最早的"塾"就是出现在祠堂里。古代祠堂大门两旁有门房,叫作"塾"。大门外两旁的分别叫"门外东塾"和"门外西塾",大门内两旁的分别叫"门内东塾"和"门内西塾"。后来私家办学的"家塾""私塾"大概就是由此演变而来的。古代家族办学就在祠堂里,例如广州陈家祠,新建之初就在里面办学,成为陈氏族人读书的地方,所以又叫"陈氏书院"。

9. 会馆建筑

会馆是中国封建时代后期出现的一种新的建筑类型，它是商业经济发展的产物。中国古代一直是实行"重农抑商"的政策，鼓励农业，抑制商业的发展。直到宋朝商业经济才得以兴起，元、明、清继续发展兴盛。会馆是异地流动的商人建造的一种公共建筑，供联谊聚会、商务活动、文化娱乐活动，并为异地流动的商人提供生活方便。

会馆分为两类：行业性会馆和地域性会馆。行业性会馆由同行业的商人们集资兴建，例如盐业会馆、布业会馆、钱业会馆等；地域性会馆是由旅居外地的同乡人士共同建造的，例如江西会馆、福建会馆、湖南会馆、山西会馆、广东会馆等（图 2-15）。古代凡商业较为发达的地方都会有很多会馆，当然会馆数量最多最集中的要数北京，因为各地的人都要前往京城办事，不论是地方官吏、外地商人还是赶考的学子，大量云集于京城，全国各地的人都在北京建会馆。

图 2-15 天津广东会馆

会馆建筑与祠堂有一共同特点，即互相攀比的倾向。祠堂是家族姓氏之间攀比，会馆则是在商人集团或地方势力之间攀比。行业会馆是商人集团之间的攀比，你们药材业会馆建得这样华丽，我们泥木行业会馆一定要超过你，而他们盐商的会馆建得更加华美。地域会馆是地方势力之间的较量，不同地域的会馆之间也互相攀比。这种攀比的心理倾向促使会馆建筑一个比一个宏伟华丽。例如四川自贡的西秦会馆，由山西盐商建造，其建筑造型之绮丽宏伟，其装饰艺术之华美，都可以说是全国会馆之最。清代山西商人是全国势力最强的商人集团，从全国各地现在保存下来的会馆建筑来看，几乎最大最宏伟的会馆都是山西商人的，或者山陕商人的。例如河南社旗的山陕会馆、河南周口的山陕会馆、安徽亳州的山陕会馆、河南开封的山陕甘会馆等，都是全国最大最豪华的会馆之一。

会馆中都有祭祀，会馆的名称也多以××庙、××宫相称。行业会馆祭祀行业的祖师爷，例如泥木建筑行业以鲁班为祖师，所以泥木行业的会馆都叫"鲁班殿"；药材行业祭祀药王孙思邈，所以药材行业的会馆多叫"孙祖殿"；屠宰行业祭祀张飞，所以屠宰行业的会馆多叫"张飞庙"。四川富顺有一座"恒侯宫"，祭祀张飞（恒侯），就是屠宰行业的会馆。地域会馆也有祭祀，祭祀地域共同的神灵。山西、陕西人敬关公，山陕商人在全国各地建的会馆都是关帝庙；福建人信奉妈祖，福建人在全国各地建的会馆都叫"天后宫"（"天后"即妈祖）。

会馆中普遍建有戏台，戏台一般都在大门后面，背靠大门，面对正殿。这种布局方式起源于古代庙宇中祭神的一种仪式——"淫祀"，即演戏给神看，给神以娱乐。会馆中也要祭神，戏台建筑的做法也是和所有庙宇中的戏台一样，背对大门，面朝正殿。看来好像会馆中的戏台也是为了"娱神"，演戏给神看的。其实不然，因为会馆这种建筑出现很晚（明朝以后），这时候中国的戏曲文化已经发展得比较完善了。已经脱离了最早的祭祀娱神的原始阶段，变成了一种世俗化了的民间文化娱乐活动。因此会馆里的戏台，虽然仍然保留着原来的建筑格局，但是实际上它已经不是以娱神为目的，而是一开始就是为了人的娱乐活动而建造的了。而且会馆中的戏台一般都做得非常华丽，雕梁画栋，泥塑彩画五彩缤纷，极尽豪华之能事。

到了近代以后，有的会馆中的戏台就干脆脱离了庙宇中戏台建筑的传统做法，不是背靠大门，面对正殿，而是在会馆后面专门建造一栋大建筑，把戏台放在大厅中间，这座建筑就变成了一个完整的戏院，民间叫"戏园子"。而这座专门为戏台而建的大建筑就成为整个会馆中最大的，最重要的建筑，成了整个会馆的中心。原来会馆以祭祀大殿为中心的建筑格局也被改变了，完全世俗化、商业化、娱乐化了。这种以一个大"戏园子"为中心的会馆，最著名的就是北京虎坊桥附近的湖广会馆和天津的广东会馆。北京湖广会馆保存完好，其戏院今天已经成了北京城中最大的传统戏院。天津广东会馆的戏院也是国内保存最完好的古代戏院之一，今天已经成了戏剧艺术博物馆。

10. 民居

民居是一种面最广，量最大，与老百姓日常生活直接相关的建筑类型，凝结了数千年中华民族的智慧。中国传统民居的最大特征就是地域特征，各地的民居都有各自的做法，从建筑的平面布局组合、建筑造型、结构做法，直到细部装饰等都有着明显的地域特征。不仅一个省和一个省不同，甚至一个省内各个地方也不相同。中国各地的传统民居大体上可分为七种类型：合院式、天井院落式、窑洞式、干栏式、土楼式、碉楼式、毡包式。

合院式民居，即我们常说的三合院、四合院住宅，最常见的就是四合院。合院式主要分布在北方地区，以北京的四合院民居为最典型的代表。四合院民居的特点是四周的建筑相互独立，围合成比较宽阔的庭院，院中可以种树木花草，供人休息活动。

天井院落式民居主要分布在南方地区。所谓天井，即四边建筑围合成中间的庭院。四面的屋檐相连，形成一个朝天的"斗"形，这就是"天井"，实际上就是一个很小的庭院。四面屋顶向中间天井中排水，人一般不能进入天井中去活动。

窑洞式民居就是直接在山边或地面上挖洞穴，主要分布于山西、陕西等黄土高原地区。窑洞式民居有靠山窑和平地窑两种。它实际上是古代穴居形式的延续，只是人工挖掘的窑洞比原始的山洞做得更加精致。

干栏式民居即民间所说的"吊脚楼"，用木柱支撑，底层架空，人居楼上。干栏式民居主要分布于西南地区，中国西南地区山多林密，耕地很少，干栏式民居可以节省用地，又可以干燥凉爽，是西南山地最合适的居住方式。

土楼式民居主要分布在福建、广东、江西的部分地区。在福建叫土楼，也有的叫"土堡"，在广东和江西叫"围屋"。这种居住形式因为古代的移民（被称为"客家人"），为了防御土匪袭扰，自我保护而建造的，其特点就是防御性极好。

碉楼式民居即藏式民居，分布于西藏以及青海、甘肃、四川、云南等藏区。所谓"碉楼式"倒不是因为防御功能，而是因为其造型像碉堡，上部小下部大的梯形体块，厚厚的墙壁，小小的窗洞，平屋顶，这种造型完全是因为气候条件的原因而产生的。

毡包式民居即俗称的"蒙古包"。其实并不只限于蒙古族，而是分布于内蒙古、新疆以及东北的广大草原地带的游牧民族都是这种居住方式。因为其分布地域之广，使用人口之多，所以不能不说它是一种很重要的民居形式。其最大特点当然就是它的可拆卸，便于搬迁移动，适应了游牧民族特殊的生产和生活方式的需要。

在民居建筑中体现出来的地域特征可以表现在很多方面，可以是建筑的平面布局的不同，可以是建筑的造型风格的差异，也可以是所用的建筑材料不一样等等。这些不同特点的产生可能有各方面的原因，有地理气候的原因，有生产生活方式的原因，还有某些特殊的社会历史的原因。

总之，中国各地的传统民居在千百年的历史长河中，适应各种地理气候条件，适应各种特殊的生活方式和特殊的生活条件，创造出了千姿百态的建筑形式，成为中华民族文明史上的瑰宝，也是中国古代建筑史上最丰富多彩的一页。

11. 桥

中国古代的桥梁有不同的分类方法。按不同的建造材料可分为石桥

图 2-16 通道回龙桥

图 2-17 桥墩蜈蚣图案装饰

和木桥；按结构形式可分为拱桥和梁桥；按桥身造型可分为平桥和廊桥。

梁桥有石梁桥和木梁桥，它们都吸取了木构建筑的卯榫结构的长处。拱桥的特点是可以用较小的材料（石块、砖块）做出较大的跨度和空间，体现了中国古代砖石拱券技术的成就。

廊桥上有屋顶，可以遮风避雨，所以又称"风雨桥"。它已经超出了单纯交通设施的意义，成为人们休息聚会的场所，成了一种小型的公共建筑。在我国西南部的广西、贵州和湖南的湘西地区居住着的侗族，最喜欢建造风雨桥。侗族人民好公益，在路边建凉亭，在桥上建亭廊，供路人休息。侗族人还把桥上的亭子做成小型庙宇，供奉神灵。例如湖南通道县的回龙桥，上面三座桥亭里面分别供奉着关帝、文昌和始祖（图 2-16）。

中国古代桥梁在建筑的装饰艺术上还常体现一些信仰的或其他的观念因素。比如老百姓相信河流涨洪水是蛟龙作怪，而蜈蚣能制服龙，于是各地石桥上常有用石刻蜈蚣作为装饰的（图 2-17）。

12. 牌坊

牌坊，也叫牌楼，牌楼上面的小屋顶叫"楼"，"牌楼"一词即由此而来。牌楼的造型也由开间数和"楼"的数量来称呼，例如"三间三楼""三间五楼"等（图 2-18）。

从材料和结构上说，牌坊有木构和石构两类。南方的牌坊以石构为多，适应南方地区炎热潮湿的气候条件。从功能性质上大体上分为两类：一类是标志性牌坊；另一类是纪念性牌坊。标志性牌坊一般立于某一重要建筑入口之前，成为重要建筑的前奏和标志。例如某庙宇前面的大路口立一座牌坊，昭告人们到了什么地方，要恭敬庄肃了。

纪念性牌坊是中国古代一种特殊的纪念性建筑，所谓表彰和纪念，是中国古代封建社会弘扬道德思想的一种手段。国家通过对某人的表彰和纪念来宣传一种道德理想，用以教化民众。被表彰和纪念的人主要有几类，积德行善的好人、坚守贞节的女性、读书做官的才俊，甚至健康长寿的老人等。而且这种表彰都必须是皇帝亲自表彰，我们可以看到一

图 2-18　三间五楼牌坊（安徽黟县西递村牌坊）

图 2-19　安徽歙县棠樾村牌坊群

般牌楼的正中间最上面都有一块较小的竖匾，上书"圣旨"或者"恩荣"，表明是皇帝亲自下旨表彰，古代规定没有皇帝的圣旨是不能立牌坊的。

　　中国现存最大规模的牌坊群——安徽歙县棠樾村牌坊群，一连七座牌坊矗立在村外的大道上。这个牌坊群就是为了表彰棠樾村中的一个大家族——鲍氏家族的贡献。鲍氏家族自南宋时迁来此地，世代居住在棠樾村。家族中男性大多在外经商、读书、做官，为国家做出了很大的贡献；女人们在家相夫教子，孝敬老人，友爱乡里，多次得到皇帝的表彰，因此建了那么多的牌坊（图 2-19）。

二　中国古代建筑的形式

　　所谓建筑形式，是指单体建筑的造型，包括建筑的体量、高度、空间关系等，它与建筑的功能有着密切的关系。中国古代的建筑形式主要有殿堂、楼阁、台、亭、榭、轩、廊、舫等。

1. 殿堂

　　殿堂指皇宫、衙署、庙宇、祠堂、会馆等建筑群中轴线上的主体建筑，是建筑群的中心。在通常情况下，"殿"和"堂"又有所差别。一般按规模和等级来区分，大的称为"殿"小的称为"堂"。如故宫太和殿、乐寿堂。其建筑宏伟壮观、装饰华贵。一般面阔为单数，屋顶一般为歇山、庑殿等式样，规模较小的也用悬山、硬山。且殿前多有广庭，其大小视建筑性质而定。

2. 楼阁

　　楼和阁指多层重叠的房屋，在战国晚期出现时主要用于军事目的。汉至南北朝时，因文人墨客登高习俗而使楼成为风景园林建筑。从此，

中国建筑简史

凡用来登高远眺的建筑均以楼、阁命名。古代城墙上多建楼阁，叫"城楼"。此外，文人住宅和寺院内也多建楼阁，住宅的楼阁多用于藏书、读书，或闺楼、绣楼，寺院楼阁多用于藏经。

3.台

我国古代春秋至秦汉时期皇家宫苑中盛行高台之风，其上进行祭祀、观赏、娱乐等许多活动。其基本形制是夯土筑高台，外砌砖石，上建殿堂或楼阁。台成为上面殿堂或楼阁的一个巨大基座，使其更为高耸、壮丽。我国古代宫殿常建于高台之上，以显示帝王至高无上的地位，如著名的秦阿房宫主殿、唐大明宫含元殿等，都是建在高台之上。

4.亭

我国古代亭的种类很多，按功能来分，数量和式样最多的是园林和风景区的"景亭"。此外还有用于其他目的的，如立碑的碑亭，路边供人休息的凉亭，护井的井亭，悬挂钟鼓的"钟亭""鼓亭"等。按平面和屋顶式样来分，有四方、六方、八方、圆形等。此外还有各种特殊的形式，如扇面、套方等。

5. 榭

榭一般指建在水边的建筑，大多出现在园林之中。《园冶》中说："榭者，藉也。藉景而成者也。或水边，或花畔，制亦随态。"虽然也有隐于花间者也可称榭，但今天榭以水榭居多，通过架立的平台一半伸入水中，一半架立于岸边，跨水部分多为石梁柱结构，而挑出水面的平台也是为了便于观赏园林景色获得池岸难得的开阔视野而设。

6. 轩

"轩式类车，取轩欲举之意，宜置高敞，以助胜则称"。《园冶》中的这段话指出了轩的主要特点；轩的选址宜于高旷之处，居高临下，以便于观景为目的。轩是一种比较特殊的建筑形式，一般是一面无墙壁、门窗，对外全开敞，人可坐在其中观景。也有的做有格扇门，但可全部打开。轩有临水而建者，与水榭相似，但一般不像水榭那样伸入水中。为形成清幽、恬静的气氛，轩还常采用小庭院形式，这种小巧、精致的空间适宜静观近赏，而花木与山石成为庭院特色设计中的着眼点，如听雨轩中的芭蕉，看松读画轩中的古松等。

7. 廊

廊是作为建筑物之间的联系而出现的。中国建筑对廊的使用非常灵活，在庭院中用抄手廊、回廊组织空间，在园林中更发挥了其在理景上的巨大作用——它既可做风景的导游线，又可用来划分空间、增加风景的深度。

8. 舫

舫是一种特殊的建筑形式，用建筑模仿船的造型，一般建在园林中临水的岸边。用石头砌筑出船体的形状，再在上面建造一座小房子，有屋顶门窗，人可以坐在里面喝茶聊天，就像坐在船里面一样。

三　中国古代建筑的式样

中国古代建筑的式样，是专指建筑的屋顶造型，即屋顶式样，包括有庑殿、歇山、悬山、硬山、攒尖、卷棚、盝顶、盂顶等（参见图1-4）。中国古代建筑的重要特点之一是建筑的等级制度，即按照建筑的主人的社会地位来决定建筑的等级差异，而建筑式样（屋顶式样）是建筑等级最突出的标志。最高等级是庑殿，其次是歇山，再次是悬山，再次硬山。

1. 庑殿

庑殿也称"四阿顶"，即四坡屋顶，一条正脊、四条戗脊。是中国古代屋顶式样中最隆重、最庄严、等级最高的一种，只有皇宫和皇家寺庙才能使用。庑殿有重檐和单檐之分，重檐的等级高于单檐。例如现存中国古建筑中规模最大，等级最高的故宫太和殿就是一个重檐庑殿式。

2. 歇山

歇山又称为"九脊殿"，所谓九脊即一条正脊、四条垂脊、四条戗脊。歇山顶也是四面坡，但与庑殿顶不同，两端各有一个三角形的部位，叫"山花"。在等级上歇山仅次于庑殿，因其造型优美，使用较普遍。歇山也有重檐和单檐之分。著名的天安门城楼就是一个重檐歇山式。

3. 悬山

悬山是两坡式，屋顶两端悬出山墙之外（建筑物两端的墙壁叫山墙）。悬山式主要用于宫殿和寺庙中比较次要的殿堂和一般民居建筑上。在北方悬山常有"五花山墙"的做法。

4. 硬山

硬山也是两坡，与悬山不同之处是两端山墙升起高出屋顶，屋顶两端到山墙为止，不悬出山墙之外。南方地区在城市和村镇房屋密集的地方为了防火而做出的封火山墙也是属于硬山，而且由于封火山墙的造型各种各样，成为南方民间建筑最显著的地方特色（参见图1-5），硬山式建筑广泛应用于民居、宅第、祠堂、庙宇、书院、会馆、店铺等建筑上。

5. 攒尖

攒尖即尖顶，有四角攒尖、六角攒尖、八角攒尖、圆形攒尖等多种式样，多用于亭、阁之类建筑，有时也用于宫殿。在建筑群体组合中起两种作用：大型攒尖顶突出中心，小型攒尖顶（亭子）用于点景。例如北京故宫的中和殿、颐和园的佛香阁、天坛祈年殿、沈阳故宫勤政殿等就起到了突出中心的作用。而像很多园林中的小亭子就只是起点景的作用。

6. 卷棚

卷棚式是两面坡屋顶在顶部相交处形成弧面，没有正脊。因为没有正脊，所以卷棚顶看上去较为柔和，造型轻快秀丽，因此多用于园林和风景建筑，很少用于庄重宏伟的大型殿堂。卷棚式屋顶常见的又有卷棚歇山和卷棚悬山两种，卷棚歇山一般用于比较华丽的楼阁，而卷棚悬山一般用于一层的普通建筑和连廊等。

7. 盔顶

盔顶不同于一般中国建筑屋面的凹曲形式，而是凹曲面和凸曲面的结合，造型比较奇特而华丽，类似古代将军的头盔。由于其外形上的独特性，所以常用于重要的风景建筑和纪念建筑。如湖南岳阳楼、四川云阳张飞庙等，是盔顶建筑的代表作品。

8. 盝顶

从形象上看是坡屋顶和平顶的结合，中央平顶、四周围绕坡屋面。盝顶的特点是可以扩大建筑的进深而无需增加屋顶高度。然而，盝顶上有平顶，在古代建筑材料的条件下，排水问题不容易处理。因此古建筑中做盝顶的较少，现在能看到的实例也很少。

这些屋顶式样在全国范围内都是普遍的。除此之外，还有一些具有地方特点的屋顶式样，如东北的屯顶、西北的平顶、山陕地区的单坡顶等。

在建筑类型方面，宫殿、衙署、坛庙、寺观、城楼、祠堂、陵墓等建筑属于国家政治、宗教祭祀、纪念等性质的建筑，其风格应该是雄伟庄严肃穆的；建筑形式大多以殿堂为主；建筑式样以歇山、庑殿等大型建筑为主，两侧的厢房和辅助建筑则大多使用悬山、硬山式样。

园林、民居、书院等，这类建筑属于居住、游憩、读书等生活性质的建筑，其风格应该是平和的、亲切的、舒适的；其建筑形式较少采用殿堂，而多用厅、轩、楼阁、亭、榭之类；其建筑式样多用悬山、硬山、卷棚、攒尖等小型建筑的屋顶式样，只有少数主要的建筑采用歇山式屋顶。

店铺、会馆等建筑商业特点较明显，其风格是活泼、热闹、华丽；建筑形式多采用牌楼式大门，中心建筑多用殿堂或厅堂，后部多用楼阁，其建筑式样多用歇山式和具有地方特点的封火山墙式硬山。

第三章　中国古代建筑木作基本特征

中国古代建筑根据其构造特点和建造施工过程分为大木作、小木作、石作、泥作、瓦作、油漆作、彩画作等工种和工序。在中国历史上有过两部关于建筑的官书，是由朝廷颁布的建筑法典和法规。一部是宋代的《营造法式》，一部是清代的《工程做法则例》。两部书的内容差不多，都是由朝廷制定的关于建筑的各种做法的相关规定。但由于时代的变迁，建筑的一些具体做法，各种构件的名称都有了变化。而宋代、清代两部书中的各种建筑构件名称在我们今天的各种关于古建筑的书籍中都还在使用，再加上我们今天的名称，三种名称同时使用容易造成混乱。为了便于学习者掌握，后面出现的各种建筑构件的名称，凡有宋代和清代不同称呼的都会同时标明。

一　大木作

大木作是指构成建筑主体构架的大型构件的做法，即建筑的结构部分。最基本的构件有柱、梁、枋、斗栱、檩、椽等。

在学习古代建筑结构之前，我们必须先了解一些相关基础知识，一些相关的概念、单位和做法的名词等。

单座建筑平面布局的基本单位是"间"（开间），横向开间叫"面阔"，全部横向开间合称"通面阔"；纵向开间叫"进深"，全部纵向开间合称"通进深"。

面阔各开间的名称有明间（宋称当心间）、次间、梢间、尽间。

檩间水平距离叫"步"，两根檩子之间为一步。

柱网布置方式有：满堂柱、金厢斗底槽、单槽、双槽、分心槽等（图3-1）。

满堂柱：所有柱子的横向和纵向交点上都有柱子。金厢斗底槽：内外两圈柱。单槽：以一列内柱将平面划分为大小不等的两个区。双槽：以两列内柱将平面划分为大小不等的三个区。分心槽：一列中柱将平面等分为两半。

宋、元建筑中有"移柱法"和"减柱法"，是出于内部空间的需要，改变柱子的位置，将内部的柱子部分移位或减去。如山西五台山佛光寺金代所建文殊殿，面阔七间，进深四间，只用内柱两根。"移柱法"和"减柱法"的缺点是上部构架复杂，不够整齐美观，因而明清两代已不用了。

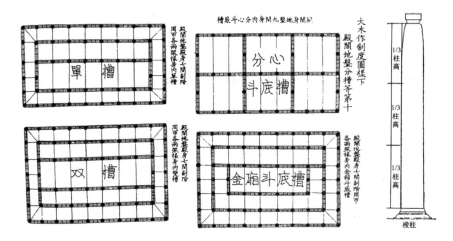

图 3-1 大木作梁架结构布置（左）

图 3-2 梭柱（右）

1. 柱

柱子按照所在结构部位可分为檐柱、中柱、金柱、山柱、童柱。

随着人们对材料性能的认识，柱径与柱高之比是不断变化的。同时，柱子高径比也是各时代建筑风格演变的重要特征。

柱子形式，宋元以前有梭柱做法。《营造法式》中梭柱做法：三等分，上部三分之一有梭杀，下三分之二平直。一般民间许多梭柱做法则是上下两头梭杀（图 3-2）。

梭柱一般是在元代以前，明清时期都采用直柱了，但南方有的地方明代时还保留有梭柱做法。

2. 梁（宋称栿）

梁按照所在结构部位主要分为三架梁（宋称平梁）、五架梁（宋称四椽栿）、七架梁（宋称六椽栿）、单步梁（抱头梁、宋称劄牵）、双步梁（宋称乳栿）、顺梁、扒梁、角梁等。按所承檩椽数来定名（图 3-3）。

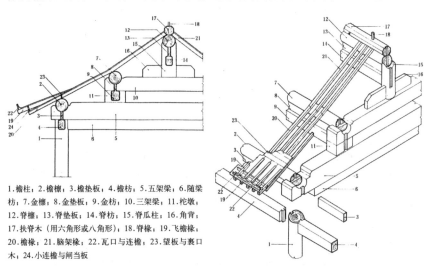

1.檐柱；2.檐檩；3.檐垫板；4.檐枋；5.五架梁；6.随梁枋；7.金檩；8.金垫板；9.金枋；10.三架梁；11.柁墩；12.脊檩；13.脊垫板；14.脊枋；15.脊瓜柱；16.角背；17.扶脊木（用六角形或八角形）；18.脊椽；19.飞檐椽；20.檐椽；21.脑椽；22.瓦口与连檐；23.望板与裹口木；24.小连檐与闸当板

图 3-3 梁架示意（引自傅熹年主编《中国古代建筑技术史》）

梁的外观分为直梁和月梁（汉称虹梁）

月梁：梁肩呈弧形，梁底略向上凸，梁侧常作琴面并饰以雕刻（图 3-4）。

梁断面大多为矩形，宋代高宽比3∶2，明清5∶4，近于方形，南方有圆木为梁或"东瓜梁"。

梁头装饰有桃尖头、蚂蚱头、卷云头等。

3. 枋

枋主要是起联系作用的横向构件，在部分情况下起承重作用。在抬梁式构架中，一般柱间进深方向的是梁，面阔方向的叫枋。在穿斗式构架中，进深方向的叫穿枋（因为枋是穿过柱子的），它替代了梁的作用，面阔方向的是联系枋，所以穿斗式构架中就没有了梁。

抬梁式结构中的枋主要有额枋，平板枋（普柏枋）、雀替（绰幕枋）等。

额枋是在建筑最外面的柱子之间上部，一般在外廊廊柱上部，或者在墙壁门窗的上方。额枋往往是上下两根相叠，上为大额枋（宋代称阑额），下为小额枋（宋代称由额），中间有垫板（由额垫板）。用于内柱间的叫内额。柱脚处的叫地栿。

无斗栱时枋主要起联系作用。有斗栱时，枋起承重和联系双重作用。

平板枋（宋称普柏枋），位于大额枋之上，是承托斗栱的构件。

雀替（宋称绰幕枋），是置于梁枋下与柱相交处的短木，作用是起部分悬挑作用，可以缩短梁枋的净跨距离，并起一定装饰作用。

若尽间较窄时，两边雀替联为一体，叫骑马雀替。

4. 斗栱

斗栱是中国建筑特有的构件。其作用是出挑承重，将屋面或上部结构大面积重量传到柱枋上。起承重和装饰双重作用，建筑立面视觉效果上是从屋顶到屋身的过渡，此外还是建筑等级制度和重要建筑的衡量标准。

斗栱由斗、升、栱、翘、昂等构件组成（图3-5）。

图3-4　月梁（江西汪口俞氏宗祠）

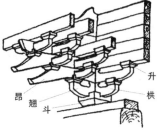

图3-5　斗栱构成

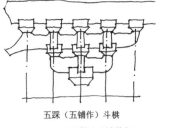

五踩（五铺作）斗栱

图3-6　"踩"和"铺作"

斗栱的名称在不同时代有不同称呼，宋称"铺作"，清代称为"科"。斗栱是成组的，一组斗栱宋代称为一朵，清代称为一攒。

斗栱按所处部位分为柱头斗栱（宋称柱头铺作，清代称柱头科）、柱间斗栱（宋称补间铺作，清代称平身科），转角斗栱（宋称角铺作，清代称角科）。

翘或昂自坐斗出挑的挑数，清代叫踩，宋叫铺作层。斗栱每出挑一层叫作一踩或者一铺作（图3-6）。

栱与栱之间镶木板叫栱眼壁。

斗栱是中国古代建筑划分等级的尺度标准，宋《营造法式》中以"材"为单位，划分为八等，最大一等高9寸，厚6寸，最小八等高4.5寸，厚3寸（图3-7）。清代以"斗口"（坐斗的斗口宽度）为单位，划分为十一等，一等高8.5寸，宽6寸，十一等高1.4寸，宽1寸（图3-8）。

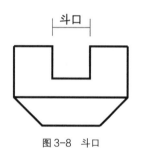

图3-8　斗口

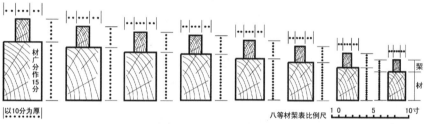

图3-7　"材分八等"

5. 檩

又叫桁（宋称槫），是横架在屋架之上承托屋面重量的构件。

按所在部位分为脊檩、上金檩、中金檩、下金檩、正心檩、挑檐檩等。

檩下的托木叫撩檐枋，也叫随梁枋，短的叫替木，其作用是增加檩子的强度。

6. 椽

椽子是搁置在檩上直接承载屋面的构件。

按部位可分为飞檐椽（宋代称飞子）、檐椽、花架椽、脑椽、顶椽（卷棚顶用）等。

椽子的断面有矩形、圆形等。飞檐椽常用方椽或象牙椽的形式，前面钉封檐板。翘角的屋顶椽子在屋角处呈放射形排列。

7. 屋架做法

（1）举折

中国古代建筑屋顶造型的最大特点之一是反凹的曲线形屋面。而这种曲线形屋面是由屋架的举折而产生的。"举"指屋架各步的高度，叫"举高"，它决定屋面的坡度。由于屋架各步的举高（升高的幅度）不一致，致使屋面的横断面坡度不是直线，而是由若干折线组成，这就是"折"。有举折的屋架上铺瓦后便形成了屋面的曲线。中国建筑的屋面曲线很早便已形成，曲面利于采光、排水和屋面外形的美观（图3-9）。

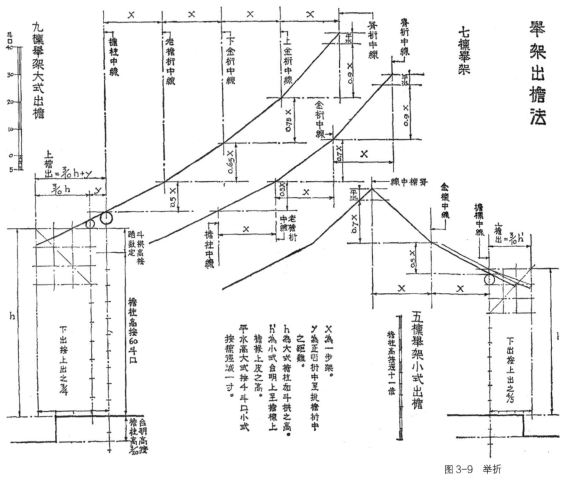

图3-9　举折

历史上各时代屋顶坡度和举折的幅度都不相同，各地方建筑造型风格的不同也导致屋顶坡度和屋架的举折做法不同。关于举折的幅度民间工匠往往有他们自己的经验算法（表3-1）。

清式屋架中各步举高的经验比值简表　　　表3-1

	飞檐	檐步	下金步	中金步	上金步	脊步
五檩	三五举	五举				七举
七檩	三五举	五举		七举		九举
九檩	三五举	五举	六五举		七五举	九举
十一檩	三五举	五举	六举	六五举	七五举	九举

注：所谓"几举"指举高和步距的数值之比，以步距的数值为1，"三五举"即指这一步的举高为0.35，"五举"即指这一步的举高为0.5，依此类推。

（2）推山与收山

推山是庑殿顶的特殊做法。庑殿顶除了屋顶的前后两面是曲线之外，两端的屋面也是曲线，为了形成这个曲线，正脊需要加长，向两端山墙

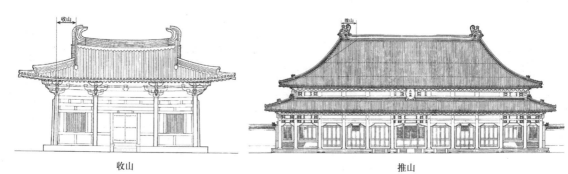

收山   推山

图3-10 收山与推山

方向推出,这就叫"推山"。因为做了推山,使四条垂脊由45°斜直线变成了柔和曲线。

收山是歇山顶的特殊做法。歇山顶的两端各有一个山花,山花面自山面檐柱中线向内收进,这就叫"收山",目的是不使屋顶过于庞大,比例不美。做收山会引起内部结构上的变化,增加了顺扒梁、采步金梁等构件(图3-10)。

(3)生起

也叫"升起",指建筑的屋脊和檐口整体呈两端向上起翘的做法。注意不是屋角起翘,而是整个屋脊和檐口,由明间向两端逐间升高,呈向上起翘的态势。其做法就是明间柱不升起,次间柱升起2寸,以下各开间柱子高度依次递增。

生起和举折相结合,使屋面形成双曲面。

生起的做法主要在唐、宋、元时期,明清时期建筑的屋脊和檐口都是平直的,例如北京的皇家建筑都是没有生起的。所以有无生起也是判定建筑时代的重要依据之一(图3-11)。

8. 屋角

屋角起翘汉代以后才开始,到唐、宋已成定制。

起翘的做法是在老角梁上加仔角梁,仔角梁呈上翘的趋势。在屋角处的椽子下檩上加逐渐升高的垫木,叫生木头。将角飞椽做成不同角度的折线形,越靠近角部的飞椽弯折度越大(图3-12)。

南方建筑中有嫩戗发戗和水戗发戗两种做法。"嫩戗"即仔角梁,"发戗"就是起翘,"嫩戗发戗"就是仔角梁起翘,即屋角部位的内部结构起翘了,带动着屋角部位的屋面也起翘了。"水戗"指屋面上的用泥灰做出来的戗脊,"水戗发戗"就是只有屋面上的戗脊在起翘,里面的结构并没有起翘,屋面仍然是平直的(图3-13)。

屋角起翘也有地域特色,北方建筑屋角起翘比较平缓,显得厚实庄重;南方建筑的屋角起翘比较高,显得轻巧活泼(图3-14)。

二 小木作

小木作是指建筑中非结构性的构件,相当于今天建筑中的装修。小

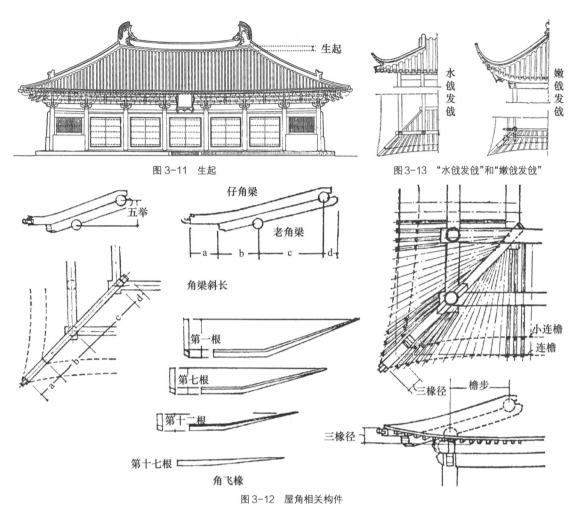

图 3-11 生起

图 3-13 "水戗发戗"和"嫩戗发戗"

图 3-12 屋角相关构件

北方建筑屋角起翘平缓（北京故宫乾清宫）

南方建筑屋角起翘高耸（张家界普光禅寺）

图 3-14 南北屋角的差异

木作主要有门窗、栏杆、挂落、藻井、天花等。

1. 门

中国古代建筑的门主要有板门和格扇门两类。板门是院落朝外的大

图 3-15 板门

门，防御性的；格扇门则是院落内部建筑的门，没有防御性。

板门做法一般是先做棋盘式木框架，再在一面或两面钉木板，叫棋盘板门。小门只做一面木板，大门则做两面木板。也有的用很厚的实木板拼接而成。板门外表为平面，不做线脚、雕刻等装饰，但做门钉铺首等金属构件，同时起到加固和装饰的作用（图 3-15）。

格扇门，也叫槅扇门，一般作院内建筑的外门，也作室内隔断。格扇门的特点是成排做满一个开间，而不是一个门洞里开一扇两扇。一个开间少则四扇，多则六扇、八扇。门扇的形状又窄又高，一扇门的高宽比一般在 3∶1 到 4∶1 左右。

格扇门的做法各地是统一的，各部分构件的名称也是统一的，所不同的只是装饰的花式不同（图 3-16）。

格扇门（窗）是建筑装修的重点部位，花心式样不胜枚举，裙板雕刻花纹。所有边梃、木枋均刻线脚。有的还在角部加铜角叶，兼起加固和装饰双重作用。

2. 窗

中国古建筑常见的窗有格扇窗、支摘窗、漏窗等。

格扇窗做法同格扇门一样，实际上就是格扇门的上部，格扇窗下面是裙墙。若同一座建筑立面上同时有格扇窗和格扇门,则二者要互相配合，花心式样要统一，上下抹头和花心的高度要平齐（图 3-16）。

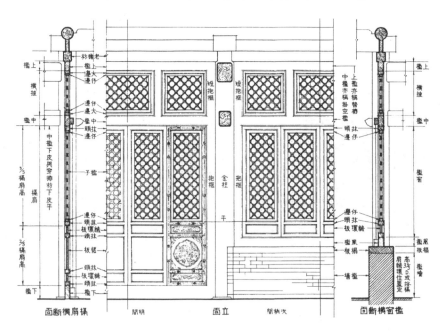

图 3-16　格扇门与格扇窗
（引自梁思成《清式营造则例》）

支摘窗是一种特殊的窗，不同于一般平开窗，而是从下面向上推开，然后用木条支撑。支摘窗一般用于居住建筑，南方北方民居建筑都用。皇宫后宫中居住的殿堂也用支摘窗，但是仪式性的正规的殿堂就不用支摘窗了（图3-17）。

漏窗是围墙上用的窗，只有窗洞，没有窗扇，院落和园林的围墙上常用。漏窗的窗孔常做成各种不同形状，有方、圆、六角、八角、扇面、棱形、双棱、宝瓶、桃形、叶形等，用瓦、薄砖、木竹片和泥灰等做成几何形或动植物形象的窗棂，常见的有鳞纹、钱纹、波纹等。不同形状的漏窗排列在长长的围墙上往往成为一道特殊的风景（图3-18）。

图3-17 支摘窗（引自刘敦桢《中国古代建筑史》）（左）

图3-18 不同形状的漏窗（右）

3. 罩（挂落、花牙子）

罩是建筑柱梁枋之间的装饰构件，用硬木、浮雕、透雕而成，常用于室内柱梁枋之间，起室内空间分隔作用。罩和挂落、花牙子三者有关联性。只做在柱子和梁枋相交的角上的叫"花牙子"；做在两根柱之间，整根梁枋下面连通的叫"挂落"；挂落两端向下一直做到地面，这就叫"罩"（图3-19）。罩中间做得最华丽最考究的一般做成木雕的圆洞门形，民间称之为"圆光罩"。

图3-19 罩、挂落与飞花

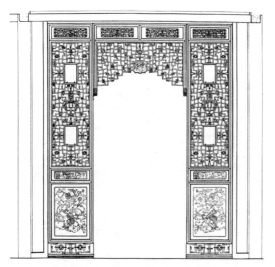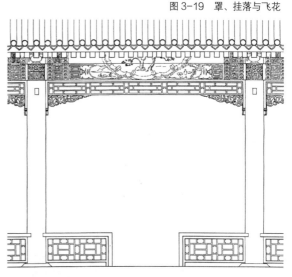

苏州留园五峰仙馆挂落飞罩（刘敦桢《苏州古典园林》）　　颐和园鱼藻轩挂落和花牙子（清华大学建筑学院编《颐和园》）

4. 藻井、天花

藻井是殿堂建筑内部天花中央部位的特别构件，一般是分层向上凹进，里面用雕刻彩画装饰，突出殿堂中央部位的重要性。一般皇宫殿堂的藻井下面是皇帝的宝座；寺庙殿堂的藻井下面是神像。藻井的式样有正方、八角、圆形，断面形式有斗四、斗八、覆盆等。藻井往往是多层的，有时四方和八方错层变换（图3-20）。戏台顶上做藻井往往做成圆形，还可以产生声音共鸣。

天花，中国古代建筑内部的天花一般都做成棋盘格形式，称平棊（又称平闇），方格中间再做装饰。

图3-20 藻井和天花（故宫养心殿藻井）

5. 栏杆

中国古建筑的栏杆一般分为室外和室内两类，室外做石栏杆，因为要经受风雨，木栏杆容易腐烂。室内或屋檐下不淋雨的地方则做木栏杆。石栏杆粗犷笨重，木栏杆则比较精致轻巧。

园林亭阁、廊道中常用一种特殊的坐凳栏杆——"美人靠"。下有坐凳板，上面做曲线型靠背，可以供人休息（图3-21）。

图3-21 "美人靠"坐凳栏杆（上海豫园）

中篇

中国古代建筑简史

第四章　中国建筑的起源

　　在中国传统语言中，"土木"一词就是指建筑，古代史书中常说的"大兴土木"，就是大搞建设。然而实际上"土"和"木"就是中国建筑的两个起源，一个北方，一个南方。北方起源于"土"，南方起源于"木"。一般认为华夏文明起源于黄河流域，这种说法有点片面。从建筑的起源来看，应该说中国文明的发源地有两个——北方的黄河流域和南方的长江流域。而"土"和"木"就正是这两种文明在住宅建筑上的表现。

　　北方地理气候寒冷而干燥，在那生产力水平极其低下的原始社会时代住洞穴是最好的选择，史籍中记载我们的先民"穴居野处"。不仅中国，世界各地的考古发现都证明，在北方寒冷地带的原始住民都有"穴居"的习惯。洞穴周围厚厚的土石，把洞内和洞外的空气隔绝开，起到天然的保温隔热作用，住在洞内冬暖夏凉。所以直到建筑技术已经相当发达的时代，一些地方的人们还在坚持着"穴居"的生活方式。西北黄土高原上的陕西、山西、河南的部分地区，今天仍然沿用着窑洞的居住方式。而窑洞实际上就是古代穴居的一种延续，只是比古代做得更讲究、更精致而已。

　　原始时代最初的穴居就是借自然的山洞居住，随着人口数量的增加，自然山洞不够了，于是人们开始自己挖洞来居住。开始是模仿自然山洞，在山坡或崖壁上水平着向里面挖，后来人们发现平地也可以挖，垂直向下挖一个坑，然后用树枝支撑架在上面，用茅草搭盖一个棚子，盖在地坑的上面。这"房子"就只有一半在地下，一半在地上了，我们把这种居住方式叫作"半穴居"。在日本也有类似的考古发现，他们叫"竖穴式"住宅。再后来人们发现在平地上并不需要向下挖，而可以用土堆筑起一个围子，再在这个围子上支撑木架，搭盖茅草棚。这就变成了完全的地面建筑了，这个用土堆筑起来的围子也就是最初的建筑的"墙壁"的雏形。陕西西安半坡和河南郑州大河村等处出土的原始村落遗址就证明了这一发展过程，这些村落遗址中发现的建筑基址大多处在从半穴居向完全地面建筑演变的过程中。一些较小的住宅仍然是室内地面比室外地面低，周围有土堆筑起来的"墙壁"，正是"半穴居"的形式（图4-1）。而村落中央最大的房子和周围一些较大的房子，据考古推测可能是村中的公共建筑和较为重要的人居住的房屋，其室内地面就和室外地面处在同一个平面上，建筑已经完全在地面上了。

图 4-1　半穴居遗址（郑州大河村遗址）（引自潘谷西主编《中国建筑史》参考图）

与北方相反，南方多山多水，地理气候是炎热潮湿，森林密布，满地虫蛇。人们居住需要解决的是通风凉爽，防潮防雨防虫蛇。最初人们是在树上借用大树的枝丫来搭建窝棚，这种类似于鸟巢的居住方式叫"巢居"，我国史籍上也有原始先民"构木为巢"的记载。最初可能是在一棵有着巨大枝丫的大树在上面搭盖窝棚，后来人们发现可以借几棵靠得比较近的小树，在几棵树之间绑扎横向的木棍，做成一个悬空的小小平台，然后再在平台的上面搭盖茅草屋顶，实际上这几棵小树就变成了支撑建筑的"柱子"。由此人们又可以想到在地上树起几根木柱，再在上面做平台、做屋顶，这就变成了用木柱架空，上面做房子的"干栏式建筑"。原始时代干栏式建筑的考古实例有浙江余姚河姆渡和宁波田螺山等地发现的新石器时代的原始村落遗址，村落处在一片低洼潮湿地带，整个村子的建筑都是采用立柱下面架空，上面做建筑的方式，即典型的干栏式建筑（图 4-2）。

这种建筑形式满足了南方地区炎热潮湿气候下的居住需要，尤其是西南地区的山区，不仅气候条件不利，地形地貌也带来很多限制。这些

图 4-2　干栏式建筑遗址（浙江余姚河姆渡遗址）

地区山多田地少，像贵州、四川、云南、广西以及湖南西部的湘西，都是这类地形。有的地方山地甚至占到90%，只有10%左右的平地。这很少的一点宝贵的平地，就只能用来种粮食，绝不能让住宅建筑再占掉平地。于是住宅就只好建到山坡上去，所以西南地区的这些省份，干栏式民居数量最多，当地称其为"吊脚楼"。西南各省很多山地村落、城镇民居建筑大多数是"吊脚楼"。

随着经济和建筑技术的发展，人们用砖木结构来解决防潮通风等问题的方法手段不断改进，不一定非要靠底层架空的形式来解决，于是建筑也就落到地面上来，用砖木结构的房屋取代了纯木结构的吊脚楼，这毕竟还是建筑技术的进步。

从上述南北两方建筑的发展进化过程来看，北方的居住方式由最初的"穴居"发展到"半穴居"，再由"半穴居"发展到完全的地面建筑，仿佛是从地里面长出来；而南方的原始居住方式则由最初的"巢居"发展到干栏式建筑，再由干栏式进而发展到地面建筑，仿佛是从树上落下来的。这个从地里长出来就是"土"，从树上落下来的就是"木"，"土木"二字就代表了中国建筑的两个起源（图4-3）。

北方：由穴居到半穴居到地面建筑

南方：由巢居到干栏式到地面建筑

图4-3　南北建筑的两个起源

第五章　早期文明（商、周、春秋战国时期）

一　关于夏朝

对于上古时代文明发展的科学考证，应该从两个方面来证明，一是当时的文字记录；一是考古发掘的证明。而现在发现的中国古代最早的文字是商代的甲骨文，商朝以前的夏朝是没有文字记载的。关于夏朝的都城只有后来的史书中有记载，但是到目前为止，史书中说的夏朝都城暂时还没有被考古发掘所准确地证实，只是考古的推测，因此目前关于夏朝的都城暂时还没有很准确的依据。考古发掘的河南偃师二里头遗址被认为是夏桀的都城斟寻，考古发掘出有宫殿建筑和作坊的遗址，但是未发现有城墙和街区的痕迹，是否为都城难以判定（参见刘叙杰主编《中国古代建筑史》第一卷，傅熹年著《中国科学技术史／建筑卷》）。还有一个问题，即夏朝和商朝的分界线在哪里，夏什么时候结束，商什么时候开始？二里头遗址究竟是夏，还是商早期？目前也难以准确判定。另一方面，作为一个国家、一个朝廷而没有文字，其国家机构、制度和法律如何体现？总之关于夏代的都城和宫殿情况还有待考古发掘的进一步证实（图5-1）。

另外，在南方长江流域的良渚文化遗址中，也发现有城墙、城门和宫殿建筑的遗址，而且还有适应南方水乡地理特征的水坝等水利工程的遗址。贵族墓葬中出土了大量的玉器和其他随葬品，这些都说明这个地方已经达到了很高的文明水平。良渚遗址在时间上是距今大约4300～5300年，与我们今天推测的夏朝的时间大体相同。但是仍然存在的一个问题是因为没有文字，不能证明作为一个朝代（国家政权）的真实存在。

我们今天在回过头去看历史的时候，有一个问题是值得思考的：作为国家政权的朝代，是应该有相应的政治、法律等制度和政权组织机构的，而这些显然离不开文字。在没有文字的情况下，很难想象国家政权机构是怎样存在和运行的。但是从另一个方面看，即使朝代不存在，国家不存在，并不等于文明不存在。所谓"文明"或"文化"，本身

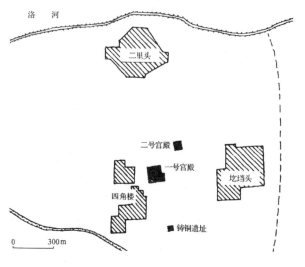

图5-1　推测为"夏代"遗址的河南偃师二里头考古平面图（引自傅熹年主编《中国古代建筑技术史》）

有物质文明（物质文化）和精神文明（精神文化）两个方面。政治制度、思想文化、宗教、艺术等属于精神文化；城市建筑、劳动工具、生活器物等属于物质文化。这就是说，即使夏朝作为朝代不存在，但是各地相当于那个时代的文化遗址出土的物质遗物，也已经足够说明物质文明所达到的高度。何况这些出土文物中大量的玉器和其他器物，都是和宗教祭祀相关的，而且具有相当高的艺术性，说明精神文化也已经达到了相当的高度。总之，并不一定要用朝代来证明文明的存在。

二　商朝的建筑

关于商代的都城和宫殿的考古发现则已经比较明确而且比较多了。考古发现的河南偃师县西南尸乡沟的商城遗址，与各种史书中记载的完全吻合，可以证实它是商朝早期的都城，即司马迁《史记》中说的"商汤之都"。这是一座长 1710 米、宽 1240 米的长方形城池，有外城、内城、宫城三道城墙，城内有完整的宫殿建筑遗址。年代稍晚一点的有河南郑州商城遗址，以及最著名的河南安阳的殷墟遗址。散布在安阳小屯村的殷墟遗址东西长 6 公里，南北宽 4 公里，没有城墙，但是宫殿区、居住区、手工作坊区以及墓葬区分布清楚明晰。除建筑遗址外还出土了大量的铜器和甲骨卜辞，清楚地证明了这里是商代后期盘庚迁都以后八代十三王共 273 年间的都城。

甲骨文是中国最早的文字，起源于商代。最早是用于占卜的一种记号，巫师用龟甲或动物骨头进行占卜，占卜的结果就刻在龟甲或骨头上，这就是甲骨文。商代鬼神迷信之风盛行，任何重要的事情在进行之前都要占卜，问吉凶，问卜之后就把结果刻在龟甲和骨头上。这样就无意中记录下了各种事情，特别是朝廷大事，记录下来就是"历史"了。我们

图 5-2　商代甲骨文中的建筑（引自刘敦桢《中国古代建筑史》）

从今天发掘出土的商朝甲骨文中可以看到很多与建筑相关的文字。中国文字是象形文字，最早的甲骨文更是直接画象形，甲骨文中关于建筑的文字则完全就是在"画"建筑。我们从今天能够看到的甲骨文中关于建筑的文字，不仅能够看到那时代的一些建筑形象，更能从中判断出那时代的一些建筑类型以及它们的性质、作用等。图 5-2 列举了一些甲骨文中与建筑相关的文字，我们从中可以看到那个遥远时代的建筑情况。

宫殿遗址：商朝是一个刚刚从野蛮时代进入文明时代的早期王朝，但在有的方面技术水平已经达到了非常发达的程度。例如青铜器，商朝青铜器制作非常精美，甚至让人难以想象是那个年代做出来的。但是在建筑技术方面却没有青铜器那样发达，从史籍中的文字记载，到考古发掘的遗址证明，这时期的建筑是"茅茨土阶"，即茅草屋顶，土筑的台基，

宫殿建筑也是如此。商朝宫殿建筑最突出的成就不是在建造技术上，而是平面布局，多座建筑的组合以及廊庑围合的庭院，这是以后中国建筑庭院组合基本特征的雏形。目前已经发掘出的商朝宫殿建筑都是建筑群体组合和庭院的布局形式（图5-3）。

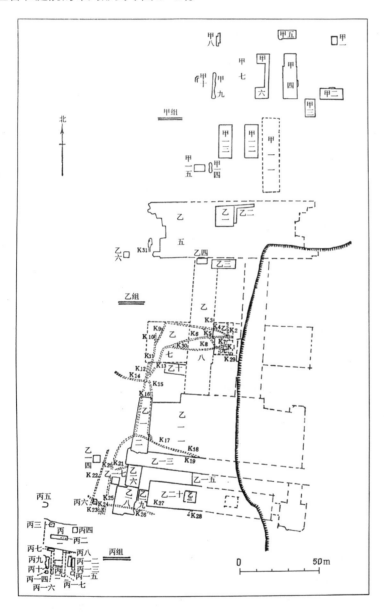

图5-3　河南安阳殷墟商朝宫殿建筑遗址考古平面图（引自傅熹年主编《中国古代建筑技术史》）

殷商时代的文化特征：商朝是一个刚刚从野蛮时代进入文明时代的过渡时期，文化上还带有着明显的野蛮时代的特征。商朝鬼神迷信盛行，所有重要的事情都首先要问卜鬼神，认定吉凶，甲骨文就是由此而产生的。宫殿遗址考古发现重要的建筑下面都有"人殉"，即在建造房屋之前用活人殉葬。出土的商朝青铜器上常用的图案是"饕餮纹"，"饕餮"是传说中的一个凶猛的怪兽，古书中说它"食人未咽"，把人叼在嘴里不咽下去，

图 5-4 安阳殷墟妇好墓出
土的商朝饕餮纹青铜壶

青铜器上也确实有猛兽叼着人头的图案。这些都可以看出商朝文化上野蛮时代的蒙昧甚至恐怖的气息（图 5-4）。

商朝文明的蒙昧（鬼神迷信），一切事情都问卜，由鬼神决定，导致上层贵族和社会管理阶层无所事事，整天吃喝玩乐，著名的商纣王"酒池肉林"，这是最终导致商朝灭亡的主要原因。今天各地出土的商朝青铜器也基本上都是酒器，也证明了那个时代喝酒的盛行。

三 周朝和春秋战国时代的建筑

周最初作为一个部落小国起源于陕西岐山及周边地区，在周文王的精心治理下，逐渐强大，到周武王的时候达到鼎盛。恰好这时处在商纣王昏庸统治时期，上层社会昏聩糜烂，朝政混乱，天下共愤。于是周武王联合各地诸侯小国，起兵讨伐商纣王。于公元前 1046 年推翻商朝，建立了周朝，建都于镐京，即今天的西安。周朝分为西周和东周两个阶段，西周（公元前 1046 年～前 771 年，共 275 年）是统一的强盛的时期，周天子把自己的兄弟叔伯等亲戚和对国家有功的贵族等分封到各地，给他一块领地，封他一个王侯爵位，建立一个诸侯国，封了几十个这样的诸侯国，这就是历史上"封建"一词的起源。这一措施对于国家扩大疆域，加强对偏远地区的统治和管理起了很大的作用。但是另一方面，也为后来的分裂和战乱埋下了祸根。后来各诸侯国日益壮大，相反天子的势力越来越弱小，甚至发展到诸侯的力量比天子还强大。这时候天子已经无力管束各地诸侯了，周平王元年（公元前 770 年）把首都从镐京迁到洛邑，今河南洛阳，这就是历史上的"平王东迁"，从此进入东周时期，前面都城在镐京的时期就叫西周。东周是一个分裂的，战乱的时代，强大起来的诸侯国互相征战，攻城略地。这一时期就是中国历史上著名的春秋战国时期，也叫东周列国。这一段历史又分为春秋和战国两个阶段，前一段从公元前 770 年～前 476 年（共 295 年），被称为春秋时期。大小几十个诸侯国互相征战兼并，其中最大的有秦、楚、齐、宋、晋等五个诸侯国，史称"春秋五霸"。春秋争霸的最终结果是很多小国被吞并，逐渐变成了七个最强大的国家：秦、楚、齐、魏、赵、燕、韩，被称为"战国七雄"，这就是战国时代。战国时代从公元前 475 年～前 221 年，共延续了 254 年。

周朝政治和文化的基本特征是"礼治"。当年周文王启用周公旦"制礼作乐"，以礼治国，使国家得以强盛。周武王推翻商朝，认为商朝的腐败和灭亡就是因为迷信鬼神，统治者无所作为，不理朝政所造成的。因此周朝绝不要重蹈商朝的覆辙，必须努力奋进，励精图治。以礼治国仍然是最理想的治理方式。于是更进一步完善和制定了中国历史上第一部完整的礼仪制度，这就是著名的《周礼》。所谓"礼"，并不是我们今天一般人理解的文明礼貌的礼，而是整个社会所有人的行为规范。大到国家政治、法律制度，小到一般人与人交往的文明行为，都是"礼"所涉及的范围。礼制的最基本特点是社会伦理等级观念，所有人的行为都按照人的社会地位来规范，所有具有仪式感的事物，例如建筑、服装、器物等都按照人的身份等级来规定。在中国历史上第一次把建筑划分等级，就是始于《周礼》，除了建筑等级制度以外，《周礼》中还有其他关于建筑和城市规划方面的制度规定。其中最重要的是关于王城规划的思想和制度。

　　中国古代建筑的平面以庭院为基本单元进行组合。庭院以四合院为最普遍的组合方式，在一定意义上"四合院"成了中国建筑组合的代名词。前面说到商朝的宫殿建筑已经有了庭院组合的雏形，到了周朝就已经完全成形了。考古发掘出的陕西岐山周原遗址，是到目前为止所发现的最早最完整的四合院。根据建筑平面布局推测这应该是一个祭祀祖宗的宗庙建筑，相当于今天的祠堂，其平面布局中轴对称，建筑三进，大门、过厅、后堂，两侧厢房、耳房、走廊围合，与今天的祠堂基本上没有什么区别了（图5-5）。这也说明中国古代四合院的组合方式延续了三千年基本没变。我们的祖先很早就发明了这种建筑形式，事实上四合院的组合方式也被证明是一种最适合于中国传统思想、家庭结构和生活方式的建筑形式，所以它一直延续着没有变化。

　　因为西周分封，分出很多诸侯国，各诸侯国都要建造都城，而且由于后来各诸侯国之间互相攻占，于是城墙、城楼等城防建筑又成了建筑的重要任务。春秋战国时期是中国历史上一个建城的高峰期。各诸侯国所建都城都首先考虑防御因素，城墙外有护城河，高大的城墙顶上有宽阔的马道便于军队行动，朝外一面有雉堞，用于射箭防御。大路进城的入口城门上有城楼，成为城市的标志性建筑。完整的都城一般都有三道城墙——外城、内城、宫城。外城内是街道和商铺民宅，供一般老百姓居住；内城内一般是官府衙署和上层贵族居住区；最里面一道城墙内是诸侯王的王宫。

　　前面已经提到了《周礼》中关于城市规划的思想和制度，这一点到了

图5-5　陕西岐山周原遗址平面

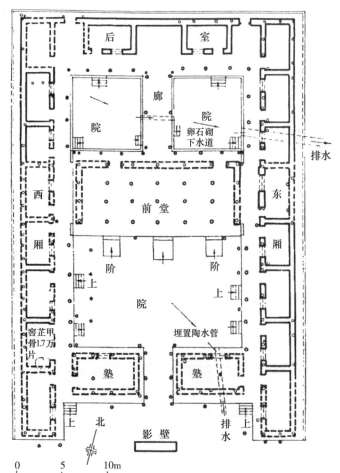

春秋战国时期尤为显得重要。事实上《周礼》中关于王城规划的思想和制度，究竟是怎样的，我们今天已经无法考证明确了。这里主要是涉及《周礼》这部书的完整性问题。《周礼》是按照周朝所列官职以及他们所管辖的相关部门来规定职责和制度的。周朝的官职分为六类：天官、地官、春官、夏官、秋官、冬官，每种官职主管一个方面的事务，例如天官专管宫廷内部事务……等等，冬官一职是专管建筑及各种工程技术方面的事务。春秋战国时代天下混乱，礼崩乐坏，《周礼》中制定的礼仪制度也没人理会，僭越礼制的行为比比皆是，甚至连《周礼》本身都被遗弃散失。后来又经过秦朝的统治和战乱，直到汉朝才逐渐稳定下来，又开始整理过去的典章制度。当再一次收集整理《周礼》的时候，发现它已散失多年，通过各种渠道把六官中的天、地、春、夏、秋五种都找到了，唯独缺了冬官一职。便将齐国的一部关于工程技术的官书《考工记》补入《周礼》充作散失了的冬官一部，故所以《考工记》的全称是叫《周礼冬官考工记》。《考工记》中有关于王城规划的一节，说："匠人营国，方九里，旁三门。国中九经九纬，经途九轨。左祖右社，面朝后市，市朝一夫。""国"即诸侯国的王城，匠人营造王城，四方形平面，边长九里，每一方三座城门。城中九条纵向道路，九条横向道路，主要道路的宽度是九轨（车子两个轮子之间的宽度为"一轨"）。皇宫的左边是祭祖的祖庙，右边是社稷坛，前面是朝会场所，后面是市场，市场和朝会场所各占百步见方（边长一百步的正方形为"一夫"）。虽然在后世的城市建设史以及现存的中国古代城市实例中，完全符合于《考工记》中规定的城市规划制度的情况还没有看到，但是受其基本思想影响的情况却很多。其中影响最大的有两个方面，一是"九经九纬"，一是"左祖右社"（图5-6）。

图5-6 《周礼考工记》匠人营国图（引自傅熹年卷《中国科学技术史，建筑卷》）

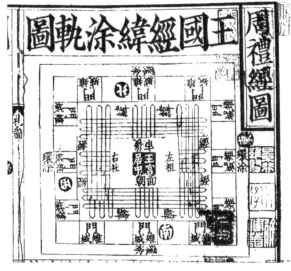

《考工记》中"九经九纬"的制度，在后世城市中并没有几个真正是按照九条纵向道路和九条横向道路来规划的，但是采用纵向横向的道路把城市规整地划分成方格网状，这种规划方式却是中国古代城市规划最主要的，而且延续几千年的规划方式，应该说这种规划思想最初主要就来自于《考工记》中"九经九纬"的影响。"左祖右社"是指在进行都城规划的时候皇宫的左边是祭祖的祖庙，右边是社稷坛。这一点看来是历代都城规划中基本上都实行的，直到我们今天还能看到的最后一个王朝的都城北京，仍然是"左祖右社"。北京故宫的左边是太庙（今劳动人民文化宫），太庙即皇帝的祖庙；故宫的右边是社稷坛（今中山公园）。说明北京故宫仍然是延续着两千年前《考工记》中所定的王城规

划制度（图5-7）。

　　周朝，尤其是春秋战国时代建造高台建筑比较兴盛。所谓高台建筑，即先用砖石垒土，筑一高台，然后再在高台之上建造建筑。这种高台建筑高大雄伟而又华丽，史书中有很多关于高台建筑的记述。殷商有鹿台，周代有灵台，春秋战国时期更是建高台成风，楚国的章华台、魏国的文台、赵国的丛台、韩国的鸿台等等都是历史上著名的高台。楚灵王建造的章华台因过度豪华而招致非议，史书中有很多相关记载。1987年在湖北潜江龙湾章华台遗址的考古发掘中发现，章华台的廊道地面用精选的小贝壳按人字形排列嵌铺，极为华丽，为国内同时期建筑遗址中首见。到后来秦朝的咸阳宫、阿房宫，汉朝的长乐宫、未央宫等实际上也都是高台建筑。直到东汉曹魏时期还有过著名的铜雀台，此后高台建筑才逐渐减少，消失。

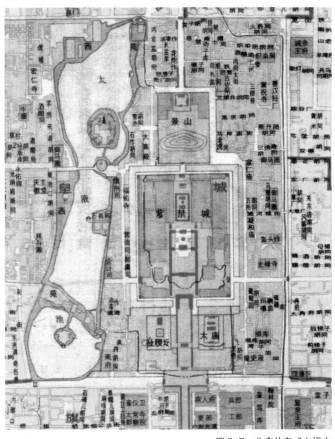

图5-7　北京故宫"左祖右社"布局

第六章　帝国时代（秦、汉时期的建筑）

一　都城和宫苑

战国时代最后以西边兴起的秦国最为强大，消灭六国，统一天下，建立了中国历史上第一个封建王朝——秦朝，建都于咸阳。秦始皇好大喜功，建国之初就开始了大规模的建设工程。"秦每破诸侯，写放其宫室，作之咸阳北阪上，殿屋复道，周阁相属"（《史记／秦始皇本纪》），并把六国的十万富豪也都迁移到咸阳，一时间天下财富聚集，咸阳迅速成了一座富丽豪华的都城。司马迁的《史记》中还记载了当时咸阳城周边的情况："咸阳之旁二百里内，宫观二百七十，复道、甬道相连，帷帐、钟鼓、美人充之，各案署不移徙"（《史记／项羽本纪》）。

秦朝建立以后立刻就开始了几项巨大的国家工程：阿房宫、骊山陵、长城。阿房宫规模巨大，历史上有过很多描述和记载，但它究竟有多大今天仍然未知。陕西省专门有一支阿房宫考古队在阿房宫遗址上进行考古发掘，连续发掘了30年，到目前的结论是阿房宫尚未建成。这个结论是与历史相符的。秦朝短命，只有十六年时间（公元前221年～公元前206年）就完了。如此浩大的工程，而且还有骊山陵和长城这些巨大工程同时进行，在这么短的时间内是不可能完成的。阿房宫前殿在司马迁的《史记》中有描述"东西五百步，南北五十丈，上可以坐万人，下可以建五丈旗。周驰为阁道，自殿直抵南山，表南山之巅以为阙。"今天考古发现阿房宫前殿的遗址还在，东西长1270米，南北426米，后部残高12米，大抵与《史记》的记载相当。

骊山陵是秦始皇的陵墓。公元前221年秦朝建立伊始，秦始皇就动用70万刑徒开始建造自己的陵墓，直到秦始皇死的时候才建成。骊山陵有内外两道陵垣（围墙），外垣总长约6.2公里，内垣长约3.8公里。今天考古发掘出的著名的秦陵兵马俑坑就在外陵垣以东约一公里处。内垣中轴线偏南是陵墓封土，呈接近正方锥形土台，据记载20世纪初土台东西长485米，南北宽515米（参见傅熹年《中国科学技术史／建筑卷》）。因水土流失，21世纪初已缩小到东西345米，南北350米，残高76米。因为没有考古发掘，封土堆内部情况不明。据史书记载陵墓内部"以水银为百川江河大海，相机灌输，上具天文，下具地理。以人鱼膏为烛，度不灭者久之"（《长安志》）（图6-1）。

秦统一天下以后，为了防止北边游牧民族的南侵，着手修建长城。

秦长城并不是完全新建，而是新建一部分，同时把过去北边燕、赵、秦各诸侯国所建的北部"边墙"连接起来，形成了西起临洮（今甘肃临洮县，隶属于甘肃省定西市）东至辽东长约5千公里的边境城墙，俗称"万里长城"。

这些浩大的工程让秦王朝财力耗尽，繁重的赋税徭役使得民不聊生，怨声载道。陈胜吴广起义就是在征调民夫的情况下发生，他们本来只是一支小小的农民工队伍，绝不可能有推翻秦王朝的能力。但是这颗星星之火，点燃了全国愤怒的民众，各地蜂起响应，立刻变成燎原大火。这个当年能够扫灭六国统一天下的强大王朝，仅仅维持了16年，顷刻间土崩瓦解，被农民起义推翻。所以从某种意义上可以说秦朝的灭亡，是亡在了建筑上。

汉朝建立之初，吸取了秦朝灭亡的教训。汉高祖刘邦"约法三章"，制定与民休息的政策，轻徭薄赋，让老百姓休养生息。汉朝定都长安（今西安）。由于秦末时的大混战导致国家极度贫穷，加之实行与民休息的政策，建国之初并未新建宫室，最初的长乐宫是利用原秦朝的兴乐宫修缮改建而成。汉高祖七年（公元前200年）开始建造未央宫，这是汉朝开始建造的第一座皇宫。未央宫由汉高祖刘邦的谋士萧何负责建造，其建筑宏伟壮丽，刘邦看了非常生气，"上见其壮丽甚怒，谓何曰：'天下匈匈，劳苦数岁，成败未可知，是何治宫室过度也？'何曰：'……天子以四海为家，非令壮丽亡（无）以重威，且亡（无）令后世有以加也。'上说（悦），自栎阳徙都长安"（《汉书·高祖本纪》）。

在"非令壮丽亡以重威"的思想指导下，汉朝又相继建造了一批宏伟壮丽的宫殿。除长乐宫、未央宫外，还有北宫、桂宫、长信宫、明光宫、建章宫等。从今天考古发掘出的部分宫殿遗址和出土的建筑遗物来看，当时的宫殿建筑确实是体量巨大，宏伟壮丽（图6-2）。

秦汉时期是中国历史上皇宫建筑的一个高峰期，不仅仅是宫殿，还建造了中国历史上最早的一批皇家苑囿（园林）。早期的皇家苑囿占地巨

图6-1　秦始皇陵（引自潘谷西主编《中国建筑史》）

图6-2　汉代"长乐未央"瓦当与现在琉璃瓦当比较

大，与它最初的起源有关，最早的叫"囿"，后来叫"苑囿"。这种"囿"或"苑囿"，除了我们今天一般园林的游览观赏的功能以外，还有一个重要的功用就是种植蔬菜瓜果等农作物和放养动物，甚至这些实用功能的重要性都超过了游览观赏的功能。种植农作物不是为了观赏，而是可供宫中的人们享用，中国最早的文字商朝甲骨文中就有了"囿"字，写成"囲"的样子，明确告诉人们，"囿"是用来种植的。而苑囿中放养动物也有不同的目的，一方面是为了供应宫中肉食的需要，另一方面，在大范围内放养野生动物可以借用狩猎的方式来练兵。皇帝每年要定期带领军队去狩猎，练兵，往往就在皇家苑囿中进行，所以苑囿要大，这是一个重要的原因。史书记载秦汉时期著名的皇家苑囿"上林苑"周长四百里，差不多是今天一个县的范围。

秦汉时期皇家园林不仅占地规模大，还有一个重要特征，即追求东海仙山的造园思想。中国历代皇帝都希望长生不死，追求神仙方术，秦始皇是最典型的代表，而且对后世影响很大。中国古代神话认为东海中有神山，一说四座：蓬莱、瀛洲、方丈、壶梁；一说三座：蓬莱、瀛洲、方壶。无论几座，总之东海有神山，神山上住着神仙，长着长生不老的仙药。秦始皇就曾派方士徐福率领三千童男童女和大批工匠去东海中寻找神山仙药，结果徐福一去不返，后来有证据是到了今天的日本。秦始皇还亲自带领浩浩荡荡的队伍从陕西到山东，千里迢迢到东海边去"望仙"，他最后就是死在从东海回咸阳的路上。在东海边望不到仙，于是就把山东一处看去像是仙山琼岛的地方命名为"蓬莱"，这就是今天山东蓬莱市的来历。帝王们把对东海神山的向往表现在皇家苑囿里，所以总要在苑囿中做大片的水面象征东海，水中做岛，象征东海神山。连名称也是从神仙方术中来，例如上林苑中就有湖，叫"太液池"，"太液"就是炼丹的水。这种造园思想和手法一直影响到后世的皇家园林。

二 礼制建筑

中国在周朝就建立了完备的礼制，春秋战国时期曾经一度"礼崩乐坏"。汉朝以儒家思想立国，汉武帝采纳董仲舒的建议，定儒家为"一尊"，儒家是提倡"以礼治国"的。因此到汉朝礼制得以恢复并发展到一个高峰，于是出现了大规模的礼制建筑。在长安南郊发现了大型礼制建筑遗迹，从考古发掘的平面形制来看应该是一座"明堂"。

明堂是中国古代一种特殊的建筑，它是天子的建筑，但是又不是皇宫中处理朝政的殿堂，也不是皇帝居住的宫室，而是一种只是用来举行仪式或者讲学的地方，是天子权力的象征，意义重大，地位崇高。其建筑形制是中央一座四方形殿堂，外面一个圆形水池环绕，这是古代礼制中规定的明堂辟雍的典型形制。中间那个方形殿堂就叫"明堂"，外围环形水池就叫"辟雍"。《礼记》中说"明堂也者，明诸侯之尊卑也。""辟雍"为什么要圆形水池环绕？《礼记》中也有解释："辟者象'璧'，雍之以水，象教化流行。"辟雍是天子讲学的地方，其形状像玉璧，玉是君子品德的象征，玉璧是最高等级的礼器。用水环绕，"雍之以水，象教化流行"，教化四方，教化天下。我们今天还能看到国内保存下来的唯一一个辟雍——北京国子监，其建筑形制就是一个圆形水池，围绕中间一个正方形的殿堂（图6-3）。

图6-3　北京国子监"辟雍"

　　明堂之所以不同于一般皇宫殿堂的矩形平面，而是正方形平面，是因为它的使用方法很特别。《礼记》等史籍中有记载和规定，明堂有东南西北四个朝向，天子在春夏秋冬不同季节分别在明堂中不同朝向的房间里朝会诸侯。史书中关于明堂的建筑形制有不同的说法，《考工记》中说明堂五室，即金、木、水、火、土五室。东汉经学大师郑玄解释："堂上为五室，象五行也。……木室于东北，火室于东南，金室于西南，水室于西北，土室于中央。"《礼记》中说明堂九室。所谓"九室"就是在一个正方形平面的建筑中，用井字分格的方式划分为九个堂室。中央叫"太室"，东南西北四个室分别叫"青阳""明堂""总章""玄堂"（有的书中叫"元堂"，古书中"玄""元"同义）。同时按"金、木、水、火、土"五行与方位的对应，东南角为"火室"，西南角为"金室"，西北角是"水室"，东北角是"木室"，中央的"太室"同时也是"土室"。《礼记·月令》中明确记载了皇帝一年中十二个月分别在不同的室中进行活动："孟春之月，……天子居青阳左个……。仲春之月，……天子居青阳太庙……。季春之月，……天子居青阳右个……。孟夏之月，……天子居明堂左个……。仲夏之月，……天子居明堂太庙……"依此类推（图6-4）。

	玄堂	
水室	个 个 个	木室
右个 太阴 总章 左个	太室 土室	青阳 太庙 左个 右个
金室	明堂 右个 太庙 左个	火室

图6-4 "明堂"平面示意图

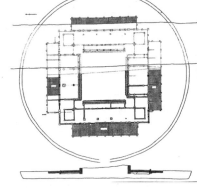

图6-5 汉长安礼制建筑考古平面图

　　1956年在西安南郊的考古发掘发现了汉代的礼制建筑群，这是到目前为止所发现的规模最大、最完整的古代礼制建筑实例。实际上就是一个明堂建筑，通过对其考古发掘的平面图进行分析，它基本上符合于《礼记》中"明堂九室"的说法。中央一个正方形大房间，东南西北四个朝向的房间每个都有三个开间，四个角上另外还各有一个正方形小房间。与《礼记》中说的"九室"相对照是比较吻合的。中央的四方形大房间是"太室"（"土室"），其他四个角上的正方形小房间分别是东北角上的"木室"，东南角上的"火室"，西南角上的"金室"和西北角上的"水室"。东南西北四个朝向的房间每个都有三开间，每一个开间即是一个房间。朝东边的三间是"青阳左个""青阳太庙""青阳右个"；朝南边的三间是"明堂左个""明堂太庙""明堂右个"；朝西边的三间是"总章左个""总章太庙""总章右个"；朝北边的三间是"玄堂左个""玄堂太庙""玄堂右个"。这样，中央的太室（土室）加上东南西北的青阳、明堂、总章、玄堂四个堂，再加上四个角上的木、火、金、水四个室，即是《礼记》中所说的明堂九室（图6-5）。

三　墓葬和祠庙（墓祠）

　　秦汉时期墓葬建筑十分发达。墓葬在中国建筑史上算是一个重要的建筑类型，原因有二：其一是，中国古代的大型墓葬（帝王、贵族的墓）都要做地宫。史书中记载秦始皇墓就是一个巨大的地宫，汉代的帝王墓和贵族墓也大多是地宫。因为地下潮湿，所以地宫建筑不能用地面建筑的木构架，只能用砖石拱券，有时拱券的跨度还比较大。所以在陵墓建筑中发展了中国古代的砖石拱券技术。

　　另外陵墓地面建筑也是一个完整的建筑群。中国古代的大型陵墓（帝王和朝廷重臣的陵墓）前面都有一条长长的大道，叫"神道"，神道两旁矗立着石人石兽，叫"石像生"。还有华表，或类似华表的石柱。目前保存下来的汉代陵墓石像最著名的是大将军霍去病墓前的石雕像"马踏匈奴"。造型粗犷雄浑，体现了汉代石雕艺术的特点。陵墓建筑除了墓冢和神道以外，还有祭祀建筑，往往是一组完整的庭院结构，由门阙、享殿、便殿及附属建筑组成。

墓葬之所以成为一类重要建筑，是由中国传统观念决定的。中国传统观念中认为人死了还会在另一个世界继续生活（"灵魂不死"）。而他在那个世界过得好不好，是富裕还是穷苦，就决定于埋葬他的时候随葬物品是否优厚。随葬优厚他在那个世界就会过好日子，否则就会穷困，因此要"事死如事生"。所以中国古人总是把尽量多的金银财宝埋进墓葬里，这叫"厚葬"，中国历史上各朝代都厚葬成风。这也是导致陵墓建筑成为重要建筑类型的主要原因。

秦汉时期是厚葬之风最盛的时期之一，所以秦汉的墓葬规模都很大，当然首先是以秦始皇的骊山陵为典型。骊山陵主体是一个三层方形夯土台，现存东西宽345米，南北长350米，残高76米。有内外两层围墙环绕，内墙长约3.8公里，外垣长约6.3公里，为中国历史上最大的陵墓。它用了70多万刑徒，十年才得以建成，其工程之浩大，可想而知。关于秦始皇陵内部之奢侈程度，两千多年来一直是一个未解之谜，也是文学作品中津津乐道的一个话题。司马迁《史记》中也有一段关于秦始皇陵内部情况的记述，大意是陵墓地宫顶部做成半球形穹窿，镶嵌珠宝，象日月星辰。地面开挖沟渠，灌注水银，象江河大地。用东海鱼油点长明灯。所有这些做法无非就是一种象征，秦始皇是天地之间永久的统治者。另一方面也可以间接说明，即秦陵兵马俑的发掘，今天已经发掘出来的士兵俑就有七千多，还有没发掘的，另外还有100多架战车、400多匹战马，全都是1∶1的真实尺度，这是一个浩大的工程，被称为"世界古代第八大奇迹"。兵马俑还只是陵墓的陪葬坑，还不是陵墓主体，主体工程就更加浩大了。

汉代的帝王陵墓虽然不及秦始皇陵那么巨大，但也都是大型工程。因为都没有发掘，不知地下的情况，但从地面巨大的墓冢，可以想到地下工程的规模。考古发现墓冢周边都曾有过大量的地面建筑，也就是享殿、便殿等陵寝建筑。从一些已经被考古发掘的贵族墓葬中可以看到，汉代墓葬中建筑构件的体量和造型风格都很雄壮。特别是一些陵墓地宫中的石柱，造型粗壮雄浑，显出强大的力量感。

秦汉时期的陵墓很多在入口处做门阙。阙是中国古代一种特殊的建筑，一般建在重要建筑或陵墓的入口处，两座对称立于两边。规模小，一般高度四五米左右，造型类似于楼阁，实心，砖石构造。上有石造屋顶，檐下雕刻斗栱和其他装饰。目前保留下来的汉代石阙著名的有四川雅安高颐阙、河南登封太室阙等（图6-6）。

秦汉时期还有一种特殊的建筑——墓祠（也叫石祠、石室）。建在墓前，用于祭祀，在功能性质上相当于后来陵墓建筑的享殿。而作为祭祀建筑的"祠"，它实际上是后世祭祀先人的祠堂、祠庙的雏形。墓祠在

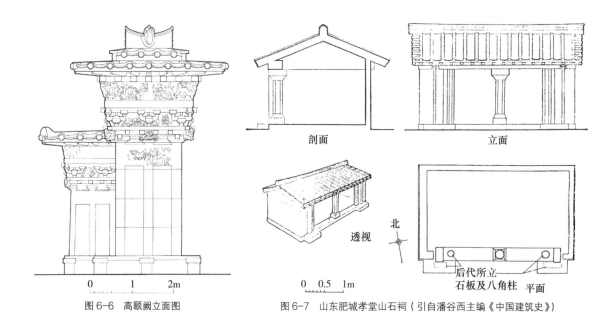

图6-6 高颐阙立面图

图6-7 山东肥城孝堂山石祠（引自潘谷西主编《中国建筑史》）

史书文献中记载较多，但实物保存下来的很少，目前发现在地面上留存下来的只有山东肥城孝堂山郭巨墓石祠。全石构造，矩形平面，左右及后面三方墙壁全部用大石板围合，正面开敞，中间立一根石柱。屋顶也用整块石板做成，上面凿成瓦的形状。整个建筑不大，仅比一人高一点（图6-7）。

四 秦汉时期建筑技术与艺术

秦汉时期是中国砖石建筑技术发展的一个高峰。一是因为这时期的防御工程，大量建造城墙和北部边境的长城；另一原因就是陵墓建筑中的地宫，需要用砖石拱券来砌筑，导致了砖石建筑技术的发展。

从今天在各地的汉代墓葬考古中发掘出来的建筑构件，可以看出汉代建筑的一般技术。一些贵族墓葬中有粗壮的石柱，造型雄伟，表现了汉代文化崇尚勇武的精神。墓葬地宫中发掘出来的砖块，有各种特殊的形状，例如有空心砖、楔形砖、企口砖等，显然是针对不同的特殊用途。

地面建筑上所用的砖瓦也非常宏大，从陕西一些秦汉建筑遗址上考古发掘出的瓦当可以看出当时宫殿建筑上使用的瓦规格很大。民间有俗语形容建筑的雄伟叫"秦砖汉瓦"，也可见秦汉时期建筑的雄伟，建筑材料的巨大是大家所公认的（参见图6-2）。

这一时期建筑的艺术形象因为基本上已经没有地面建筑存在而难以得知，唯有少数汉代石阙上还可以看到部分建筑构件的形象。除此之外，就只有在墓葬出土的画像砖和画像石中可以看到当时建筑的形象。今天有各地出土的画像砖和画像石上保留下来当时的各种社会生活场景，其中有各种建筑的形象。当然，画像砖和画像石上面的建筑是比较粗略的，比例也不会那样准确，建筑的细部特征也不能表现出来。所以光靠画像砖和画像石是不能推断秦汉时期建筑的准确形象的，只能看出大体的造型特征，例如那时代的建筑是直坡屋顶，而不是像我们今天所看到的古代建筑那样的曲线型屋顶。

另外，从一些墓葬出土的明器也可以看出一些当时建筑的形象。明器是随葬品，是人们生前生活场景的复制。明器中有各种与日常生活直接相关的建筑，例如住宅、厨房、谷仓甚至猪圈和厕所都有。所以墓葬明器也是我们了解那个时代建筑的重要依据（图6-8）。

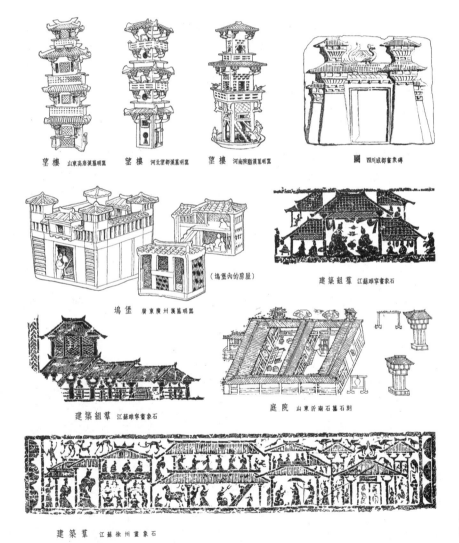

望楼　山东高唐汉墓明器　　望楼　河北望都汉墓明器　　望楼　河南陕县汉墓明器　　阙　四川成都画象砖

坞堡　广东广州汉墓明器　　（坞堡内的房屋）　　建筑组群　江苏睢宁画象石

建筑组群　江苏睢宁画象石　　庭院　山东沂南石墓石刻

建筑群　江苏徐州画象石

图6-8　汉画像石和明器中的建筑

第七章 魏晋玄风（魏晋南北朝时期的建筑）

一 魏晋文化精神与文人园林的兴起

　　魏晋南北朝时期是中国历史上一个特殊的时期。氏族集团之间互相争夺，互相倾轧，互相残杀，导致政权频繁更替。与此同时，北方少数民族大举进入中原，尤其以匈奴、鲜卑、羯、氐、羌等五个民族进入中原地区，与汉族争夺生存空间，这就是历史上所说的"五胡乱华"。在民族大冲突，大争夺的同时，也出现了民族文化的大融合。三国、两晋、南北朝、"八王之乱""五胡十六国"等，总之，这一时期的社会状况就是战乱频繁、政治黑暗、社会动荡、民不聊生。本来中国古代的传统士人具有积极入世、批评时政的精神，但在魏晋南北朝那种现实情况下，随时有导致杀身之祸的危险，谁也不能把握自身命运，只得远离现实，逃离这个相互倾轧的社会。于是文人们便逃离社会，逃到自然之中，寄情山水。著名的"竹林七贤"和陶渊明的《桃花源记》等，都是这一特殊历史时期文人士大夫精神状态的典型代表。这也就是被后世人们所称道的所谓"魏晋风度"或"名士风流"。

　　魏晋时期的哲学被称为"玄学"。因为那种干预社会、针砭时弊的政治理论和道德学说会给自己带来麻烦，讲一些不切实际的虚玄哲理则可以逃避灾祸。于是"玄学"便成为这时期哲学的主流，本来积极入世的儒家哲学在这种时候也变成了远离现实的妙理玄思。表现在文学艺术上则是远离喧嚣的社会，向往自然的美学倾向。于是欣赏自然之美成为魏晋文人中普遍流行的风气，追求自然之美和山林情趣的园林艺术成为文人们的一种普遍爱好，正是这种社会现实造就了中国古代历史上一朵文化艺术的奇葩——文人园林。在此之前的中国园林基本上只有皇家苑囿和个别富商大贾的私家园林，少有文人士大夫造园的。

　　不仅仅是园林，魏晋南北朝时期还有两种重要的艺术与它同时兴起，一是山水诗，一是山水画。中国古代很早就有诗歌，春秋时期的《诗经》就是采集了商周以来各地的民间诗词歌谣而成，但是那时的诗歌内容都是描绘的现实生活：国家大事、战争风云、劳动生产、男女爱情等，没有专写自然风景的诗歌作品。而魏晋时期开始出现了不写人，专门歌颂自然山水的诗词歌赋。美术也是如此，魏晋以前的中国绘画只有人物画，没有山水画，内容也都是现实社会生活，山水树木只是作为人物故事的背景出现在画面，而且都画得比较幼稚，说明人们没有花精力去关注自然山水之美。然而从魏晋时期开始，出现了少画人物或不画人物而专门描绘自然山水的绘画作品。今天，山水画已经成了中国画中一个重要的门类，而且是最重要的门类之一。在魏晋南北朝这一特殊的年代，山水诗、山水画和文人园林同时兴起，绝不是偶然的巧合，而是由于这一时代特殊的历史背景，导致了人们对于自然美的追求，而且一直延续至今。

二　佛教传入与宗教建筑的产生

这一时期另一个影响中国历史的重要的文化事件就是佛教传入。在佛教传入之前，中国并没有严格意义上的宗教，所谓严格意义上的宗教即要有教义和宗教组织。中国有传统的祭祀，例如祭天、祭地、祭祖宗、祭孔子等，但是祭祀不是宗教，而是感恩和纪念。中国传统的祭祀是没有教义也没有组织的。有人说中国原来有道教，老子创立了道教，这又是一个错误。春秋战国时期的老子创立的是道家哲学，而不是道教。是后来道教创立以后，把老子的《道德经》拿来作为教义，于是尊老子为教祖。

佛教传入中国是在东汉明帝年间（约在公元 67 年左右）。相传有一次汉明帝夜晚梦见有金人从西方来到中国，带来了高深的智慧。于是命人前往西方寻访，访到两位佛教僧人迦叶摩腾和竺法兰，牵着一匹白马，托着经书。把他们请到都城洛阳，汉明帝以隆重礼遇相待，将两位僧人安排在招待国宾馆的鸿胪寺居住。随后进一步把鸿胪寺改造，专供两位僧人翻译经书传扬佛法所用。这鸿胪寺便成为中国的第一座佛教寺庙，即今天洛阳的白马寺。取名"白马寺"是为了纪念白马托着经书而来的这段历史。而"寺"作为一种建筑，本来在中国古代是一种接待宾客的宾馆，从此便变成了佛教的专用建筑——佛寺。从此，中国开始有了正式的宗教。

有了正式的宗教，因而也就有了宗教建筑。我们必须把宗教建筑与中国传统的祭祀建筑区别开来。在名称上，佛教建筑是：寺、院、庵；道教建筑是：宫、观；中国传统祭祀建筑是：坛、庙、祠。

佛教传入中国后立刻就流行开来，史书记载南北朝时期南朝首都建康（今南京）有佛寺九百多所，北魏首都洛阳有佛寺一千多所，说明当时佛教之盛行。而宗教之所以流行，其主要的原因还在于社会。因为宗教实质上是人们的一种精神寄托，尤其在人们不能把握自身命运的时候便寄希望于神的庇佑。而魏晋南北朝的年代，战乱频繁，民族冲突，社会动荡，政治黑暗，朝廷权力斗争残酷，民间生活疾苦，这是佛教一传入便立刻流行的社会基础。

中国因为原本没有严格意义上的宗教，所以也就没有专门的宗教建筑的特殊形式，这一点是中国与欧洲、阿拉伯、印度等宗教意识浓厚的国家的重要区别。佛教是从印度传入的，而印度的宗教建筑又不符合中国人的审美，于是中国的宗教建筑，就直接拿宫殿和民居建筑式样来使用了。所以，中国的佛教寺院和道教宫观的殿堂规模大的就像宫殿，规模小的就像民居，没有一种专门的宗教建筑式样。只是印度佛教建筑中有塔和石窟这两类建筑，是原本中国建筑中根本没有的，传到中国以后，中国人又再一次把它进行了改造。

塔的演变

中国古代本来是没有塔这种建筑的，它原本是印度佛教中的一种特殊建筑——僧人的坟墓，叫作 Stupa，中文翻译成"窣堵坡"，也叫"塔婆"。印度的"窣堵坡"其主体形似覆钵，顶上矗立一个相轮。这种"窣堵坡"随着佛教一起传入中国，然而其造型难以被中国人接受。于是人们按照自己的理解将塔建造成多层的中国楼阁建筑的形式，同时将印度的"窣堵坡"缩小置于塔顶，这就是我们今天看到的塔顶上的"塔刹"。这就是中国式佛塔的产生。

塔传到中国最初是用来存放舍利的，叫"舍利塔"。按佛教的说法，佛祖释迦牟尼去世后，其身体被火化后出现很多结晶体，叫作"舍利子"。因为舍利子是佛祖真身的遗物，被佛教信徒们当作圣物来供奉，一般都是建一座塔，将舍利子供奉在塔中。

塔的另一功能是僧人的坟墓——墓塔。佛教僧人圆寂后不建坟墓，而是建造一座塔，葬于塔下。我们今天常能在一些寺庙周边看到一片塔林，那就是僧人们的墓地。塔林中有比较高大的塔和比较矮小的塔，那是僧人的地位等级的代表，地位高的建大塔，地位低的建小塔。

中国佛塔的建筑造型大体上分为五类：楼阁式塔、密檐式塔、单层塔、喇嘛塔、金刚宝座塔。

楼阁式塔是最常见的，也是最具中国本土文化特征的一类。其建筑造型基本上就是一个多层楼阁的形式，所不同的是中国传统的楼阁建筑一般只有两三层，而塔往往要做到五层、七层，甚至九层；一般楼阁建筑都是正方形或长方形平面，而塔往往是六边形、八边形平面。唐代的塔多建正方形平面，如西安大雁塔、小雁塔等，唐以后一般都是多边形平面了。但在江浙一带直到明代仍有大量方塔的存在。楼阁式塔一般都是能够上人的，内部各层可供佛像，有楼梯盘旋而上，供人登临可远眺风景（图7-1）。

图7-1　西安大雁塔（引自潘谷西主编《中国建筑史》参考图）

密檐式塔是中国传统的楼阁建筑和印度塔相结合的产物，层层屋檐紧密叠加，两层屋檐之间的高度很小，不能做楼层，所以一般密檐式塔都是实心的，不能进人，更不能登上去。密檐式塔只是一种佛教的装饰性建筑，在塔身外壁雕刻佛像，在各层屋檐之间做小佛龛，龛内供菩萨像。

魏晋时期密檐塔的典型代表是河南登封县嵩山脚下的嵩岳寺塔。此塔建于北魏时期，是中国现存最早的砖塔。嵩岳寺塔为砖砌密檐式塔，平面十二边形，接近圆形。总高 37.045 米，底层直径 10.6 米，内径 5 米余，壁体厚 2.5 米。15 层叠涩形密檐，各层之间矮壁有小佛龛 492 个。密檐自下而上逐层内收，形成一条柔和的弧线。嵩岳寺塔的造型风格特别，受古印度佛塔的影响，是印度佛教建筑向中国建筑风格演变过程的早期实物见证，是现存中国古塔中的孤例（图 7-2）。

　　单层塔是一种规模比较小的塔，塔身之上只有一层类似于屋檐的装饰，塔身上有佛龛，一般都是实心的，不能进人。也有个别较大的，内部有很小的空间，例如山东济南的神通寺四门塔（图 7-3）。单层塔和密檐式塔大多用于做僧人的墓塔。

　　喇嘛塔和金刚宝座塔都是藏传佛教建筑。藏传佛教也叫"喇嘛教"，是流传于藏族地区的佛教分支，其建筑式样与内地的汉族传统建筑风格迥异。喇嘛塔塔身为宝瓶状，上有华盖，塔身上做尖券形佛龛，内供佛像，宝瓶下做须弥座。塔体通常涂白色，所以人们常称呼为"白塔"。北京妙应寺白塔和北海的白塔都为人们所熟知（图 7-4）。

　　金刚宝座塔的造型也很特别，下部一个巨大的方形台座，叫"金刚宝座"，宝座上有五座小塔，中央一座较大，四个角上各一座比较小的。金刚宝座塔传入汉族地区后，有的在上面五座小塔的中央前方做一座汉族式样的小亭子，表现出汉藏文化交流的特征（图 7-5）。

　　以上五种塔的类型中较早流行的是楼阁式塔、密檐式塔和单层塔。国内现存最早的塔是河南登封嵩山脚下的嵩岳寺塔。这是一座密檐式塔，塔体上部层层收进的密檐呈现出优美的弧线，平面为十二边形，近乎圆形。整体造型之优美为国内罕见，是中国古塔中的瑰宝。藏传佛教传入内地时间较晚，是元朝时随着蒙古军队而进入内地的，因为蒙古人信奉的是藏传佛教。藏传佛教在内地流传的范围主要是在北方，如北京、河北、山西、内蒙古等，南方极少，西南地区的云南等地因靠近西藏，也受到一些影响。所以喇嘛塔和金刚宝座塔这类藏传佛教的建筑也就只能在这些地方才能看到。南方大部分地区很难看到喇嘛塔和金刚宝座塔。从中国佛塔的种类和分布情况可以看到佛教在中国的传播情况。

　　塔和佛教寺院的关系也有一个演变过程。最初塔是佛教寺院中是最重要的建筑，处在寺院轴线上的中心位置。例如西安的慈恩寺（即大雁塔所在的寺院）、陕西扶风的法

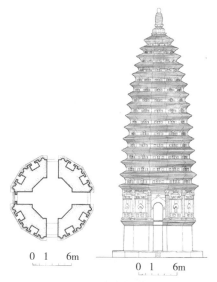

图 7-2　河南登封嵩岳寺塔

图 7-3　山东历城神通寺四门塔

图 7-4　北京妙应寺白塔

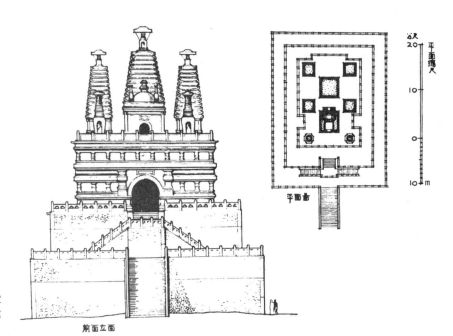

图7-5 北京真觉寺金刚宝座塔（引自梁思成《中国建筑史》）

门寺等，塔都是处在中轴线上最重要的位置上，是早期佛教寺院的典型代表。随着佛教的发展，塔的重要性逐渐减弱，原来由塔占据寺院中心位置，变成了塔和殿堂并重。这一演变过程今天所能看到的典型代表是日本奈良的法隆寺，中央庭院中左右并列着一座塔和一座殿堂。再往后发展寺院就以殿堂为中心了，塔移到了旁边，或者移到寺院外面去了，再往后发展有的甚至就没有塔了。我们今天看到的很多佛教寺院都是没有塔的。

塔在佛教中的地位在减弱，而在另一方面它又以另外一种方式蓬蓬勃勃地发展起来，这就是风水塔。塔本来是一种佛教建筑，在长期的流传过程中逐渐被中国人改造成一种与中国本土文化相结合的新的建筑类型——风水塔。

风水塔与佛塔完全属于两种不同的文化，不能将其混为一谈，但在建筑造型和艺术风格上两者却没有多少区别，从外观上几乎分别不出来。要判别一座塔究竟是佛塔还是风水塔，就看它是否与佛教寺院有关系，如果是建在寺庙内或寺庙附近，就是佛塔；如果周边根本就没有寺庙，那就是风水塔。

风水塔大体上分为两类，一类是镇妖辟邪的，大多建在江河湖泊旁边。古人相信发洪水是由于水中妖孽作祟，于是建一座宝塔以镇压妖孽，所谓"宝塔镇河妖"。另一类风水塔是希望地方上出人才，古代科举制度下出人才只有一条路——读书，读书才可以做官，"学而优则仕"。而塔的形状像一支矗立着的笔，人们把这类塔叫作"文笔塔"，或"文峰塔""培文塔"等，总称"文塔"。

塔的演变，说明外来文化传入中国，在和中国的交流过程中产生出一些新的建筑类型。

这里有一点需要说明的是：塔作为一种特殊的建筑，由各种不同类型的塔传入中国，到后来的演变是一个长期的过程。例如喇嘛塔和金刚宝座塔是在元代才随着喇嘛教传入的。而此处放在魏晋时期一起论述，主要是把中国古代塔的类型和演变并列比较，便于人们全面把握。

石窟寺的建造

佛教建筑的另一个重要类型是石窟，这又是中国原本没有的建筑类型。石窟建筑来自于印度，最初是一种开凿在山崖石壁上的叫作"支提"的小房间似的洞窟，供僧侣们修行和居住。传到中国后就有了一些性质上的改变，变成了一种专供礼佛朝拜的场所。

中国古代的佛教石窟以西部的新疆、青海、甘肃为多，内地主要集中在黄河、长江流域的部分地区，南方地区也有零星分布。最著名的有新疆克孜尔石窟、甘肃敦煌石窟、甘肃麦积山石窟、山西大同云冈石窟、河南洛阳龙门石窟、四川大足石窟等。其中以大同云冈石窟、甘肃敦煌石窟、洛阳龙门石窟的开凿年代最早。大同云冈石窟最早开始于北魏文成帝和平初期（公元 460 年）；洛阳龙门石窟开凿于北魏孝文帝年间；敦煌石窟始建于西突厥人，相当于中国的十六国的前秦时期（图 7-6）。

石窟是一种特殊的艺术。石窟造像是全部石雕，而且不同于一般的石雕，它是要在挖山开凿石头洞窟的时候预留出来，石像与石头洞窟山体是一个完整的整体。所以石窟的开凿难度很大又需要特别的精心。石窟艺术不仅佛教造像雕刻精美，佛像周围的壁画也是美轮美奂，精彩纷呈，以敦煌石窟为典型的代表（图 7-7）。

图 7-6　山西云冈石窟

图 7-7　敦煌壁画

　　另外中国石窟还有一个特点，即洞窟与建筑相结合。中国的石窟并不只是简单地在石壁上凿洞，而是开凿洞窟后再在外面建造半边建筑，外观上看就像是紧贴着石壁建造的建筑。我们今天看到的著名的山西云冈石窟和河南龙门石窟的大佛造像都是露天的，其实原来在它前面都是有建筑的，所以叫作"石窟寺"。在石壁上挖进一定的深度，再在外面树立柱子，抬起梁架。梁架一头落在柱子上，一头插在石壁上，上面再做屋顶，往往是半边屋顶。

三　南朝陵墓石雕

　　魏晋南北朝时期总体来说是战乱动荡，但是相对于北方来说，南方比较平静，经济文化也有较大发展。南朝主要指宋、齐、梁、陈四个政权，加上东晋、东吴，合称为"六朝"。六朝经济文化发展的物证是留存下来一批帝王和贵族的陵墓石雕，主要分布在南京和丹阳等地区。这是一批大型陵墓的神道石像生，主要是石兽辟邪和石柱。其中比较著名的是宋武帝刘裕初宁陵石刻、齐宣帝萧承之永安陵石刻、齐武帝萧赜景安陵石刻、齐明帝萧鸾兴安陵石刻、齐景帝萧道生修安陵石刻、梁文帝萧顺之建陵石刻、梁武帝萧衍修陵石刻、陈武帝陈霸先万安陵石刻、陈文帝陈茜永宁陵石刻、萧宏墓石刻、萧秀墓石刻、萧恢墓石刻、萧谵墓石刻、萧融墓石刻、萧绩墓石刻、萧景墓石刻、萧正立墓石刻等（图7-8）。

　　南朝陵墓石雕艺术风格上继承了汉代石雕雄浑的特点，但比汉代石雕更精致，形象更生动。特别是石雕辟邪，造型雄壮而又生动，成为古代石雕艺术的典范。石柱的造型也丰富多样，比后代许多陵墓神道的华表柱更有特色（图7-9）。

图7-8　南朝陵墓石雕辟邪

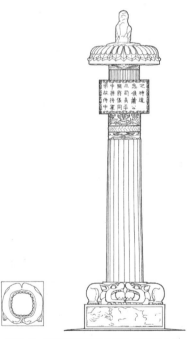

图7-9　南朝陵墓华表（引自傅熹年主编《中国科学技术史建筑卷》）

四　生活方式与家具的变化

　　魏晋南北朝时期中国建筑的一个重要变化是生活起居方式的变化。中国古代生活方式是在地上铺席子，席地而坐。如果有多人的时候，一个人坐一张席子，席子面前摆一张几案，这就叫"筵"，我们今天所说的"筵席""酒席"就是这样来的。今天朝鲜半岛和日本仍然延续着这种生活方式（图7-10）。

图 7-10　古代席地而坐（李唐《晋文公复国图》局部）

从"席地而坐"向坐椅子睡床铺的转变开始了魏晋南北朝时期。这时期西域的少数民族大量进入中原地区，这些少数民族大多是游牧民族，带着架在地面上的临时坐凳和床铺（类似于今天的"马扎"和行军床）。大概是这种垂足而坐相对席地而坐来说人的腿感觉比较舒服，中原地区的汉族人开始接受这种生活方式。因为这种坐凳床铺来自于西域少数民族，所以当时人们把这种坐法叫作"胡坐"，把这种床铺叫作"胡床"。后来在长期的生活实践中人们逐渐把"胡坐"的坐凳和"胡床"改造成了更加实用、更加美观的座椅和床铺，就变成我们今天所看到的传统家具了。这种由席地而坐到垂足而坐的转变，有一个较长的过程，大约到唐代才完全转变过来。而在很多古画中所画的建筑室内生活场景的图画中，甚至到宋代还常见有席地而坐的场景。

生活方式的改变对建筑的影响比较大。第一，因为原来人坐地上睡地上，所以室内没有桌子椅子，没有床铺，只有座席上面的几案和存放衣物的箱子柜子，室内的家具就少了很多，房间也不需要太大。第二，人总是坐在地上的，因此室内空间也比较低矮。不仅建筑和室内空间较低矮，就连门窗也开得比较低矮。第三，人坐地上，室内地面要特别注意防潮、保暖，所以建筑的室内地面都要抬高，地面以下架空。南方民居木板地下面架空，干燥，凉爽，即所谓干阑式；北方民居地面架空，下面做烟火道，在室外的台基旁边留有烧火口，冬天在火口烧火，整个室内地面都是暖的。既防潮又保暖，这种住宅是很舒适的。实际上中国北方室内的火炕，也在一定意义上可以说是一半延续着古代席地而坐的生活方式（不是整个地面上坐卧，而是在炕上坐卧）。

随着生活方式慢慢由席地而坐变成垂足而坐，室内增加了椅子、桌子、床铺等家具，房屋的面积要求大了，内部空间也变高了。这也是魏晋南北朝时期建筑的一大变化。

第八章　盛唐气象（隋、唐时期的建筑）

经过了魏晋南北朝长时间的战乱、分裂和动荡之后，隋唐时期，历史进入了一个统一的强盛的时代。隋文帝统一以后，励精图治，国家政治和经济都得到了很大的发展。后来接位的隋炀帝虽然荒淫残暴，但是经济上仍然继续发展，并取得了可观的成就。唐代初期，统治者政治开明，国家稳定，经济繁荣，唐太宗年间出现了历史上著名的"贞观之治"。到唐中期，经济上继续发展，文化上对外开放，出现了经济、文化空前繁荣的"开元盛世"。虽然在"安史之乱"以后唐朝开始走向衰落，但是总体上说仍然是中国封建时代发展的一个高峰时期。

一　壮阔的都城

隋唐时期是中国历史上最强盛的时期之一。如果说秦汉时期的强大主要是军事上、武力上的强大，那么隋唐的强大则是政治、经济、文化等方面的全面强大。这种时代特征在建筑上的反映，首先就表现在都城和宫殿建筑上。

隋朝建国之初选定在汉长安城（今西安）的位置建都，叫"大兴"。但因当时的长安破败狭小，于是决定在其东南方的龙首原南坡另建新城，东西十八里余，南北十五里余。由宇文恺负责规划设计，隋高祖开皇二年（582 年）开始建造，不到一年就建成了宫城和皇城。第二年开皇三年（583 年），朝廷迁至新都，因隋文帝早年曾被封为"大兴公"，因而将都城定名为"大兴"。隋炀帝大业九年（613 年），动用 10 万劳力在宫城和皇城以外建造了外郭城，至此城市的总体格局基本形成。唐朝继续以此为都城，更名为长安，并进一步修建和完善，在唐太宗至唐玄宗年间达到极盛。城内户籍人口达到了 100 万，是当时世界上最大最繁华的大都市。安史之乱后开始衰落，晚唐时在黄巢农民起义军和唐军的厮杀之中，城市遭到严重破坏。五代以后逐步被废弃。

中国古代的城市实行一种特殊的制度，叫"里坊制"。所谓"里坊制"，就是用纵向和横向的道路将整个城市划分成棋盘似的许多小方格，每一个方格就是一个"里"，或者一个"坊"，也就相当于我们今天的一个街区。每个里坊四周都有高高的围墙，每一边开有一个门，叫"里门"或"坊门"。应该说这种"里坊制"的规划思想最初主要就来源于《考工记》中"九经九纬"的影响。"里坊制"不仅仅是一种城市规划方式和规划制度，更是一种城市管理制度。中国古代是农业国，长期实行"重农抑商"

图 8-1 唐长安城平面

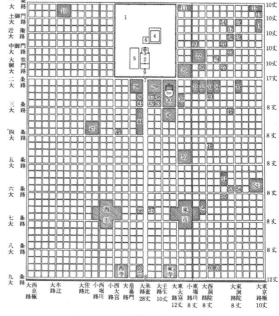

图 8-2 日本平安京（京都）平面

的政策，鼓励农业，抑制商业的发展，而里坊制就是配合这种政策而制定的一种城市制度。按照里坊制，里坊四周建高墙，不准沿街设商店。里坊设有里门或坊门，夜晚关闭，不准出入，城中实行宵禁，街上不准人行走，城内的居民只能在一个规定的区域并在规定的时间才能买到东西，这就是"市"。里坊制到唐代发展到最高峰，整个城市严格按纵横向道路划分里坊。正中一条纵贯南北的大道叫"朱雀大道"，大道最北端是皇宫"太极宫"。朱雀大道把整个城市划分为东西两大块，两边各设一个"市"，叫"东市"和"西市"，作为买卖交易的场所（图 8-1）。

隋唐时代，日本全面学习中国，派遣大量"遣隋使""遣唐使"来中国交流学习。日本古代都城京都就是完全按照唐长安城规划的：里坊制的方格网布局；皇宫在中轴线的最北端；连"东市""西市"的位置都一样（图 8-2）。

二　辉煌的宫殿建筑

隋朝大兴城北部为皇城和宫城，在此建造了皇宫禁苑。隋大兴城的皇宫叫大兴宫，位置在大兴城中轴线的最北端，始建于隋文帝开皇二年（582 年）。大兴宫在皇城北部，其北边就是大兴城的北城墙，北墙外为西内苑，内苑之北为禁苑，即大兴苑。

唐代延续隋朝都城皇宫原址并进一步扩建。将隋朝大兴宫改称为太极宫，因为是唐王朝的正宫，故又称"京大内"。太极宫东侧为太子居住的东宫，西侧是太后宫女们居住的掖庭宫。整个宫城东西宽 2830 米（其中太极宫宽 1285 米），南北长 1492 米，面积 4.3 平方公里，是一个巨大的宫殿群。太极宫南门叫承天门，北门叫玄武门，宫殿按前朝后寝布局。以朱明门、肃章门、虔化门等宫院墙门为界，把宫内划分为"前朝"和"内廷"两个部分。朱明门以外属于"前朝"，以内则为"内廷"部分。"前朝"部分又按照《周礼》"三朝制度"进行布局。内有太极殿、两仪殿、承庆殿、武德殿、甘露殿、凌烟阁等著名的宫殿建筑，其中以太极殿和两仪殿最为重要。太极殿是皇帝朝会群臣处理朝政以及举行各种重要仪式典礼的场所。两仪殿在内廷，属于内朝，是皇帝与朝臣们商议日常事务的场所。

　　唐太宗贞观八年（634 年）开始在太极宫的东北边新建大明宫，唐高宗龙朔三年（663 年）建成。改称太极宫为"西内"。大明宫建在长安城北边城墙之外，西邻隋朝大兴宫北边的内苑和禁苑（大兴苑），南邻长安城的北城墙。大明宫宏伟壮阔，占地面积约 3.2 平方公里，大约相当于今天故宫的 4.5 倍。

　　大明宫中的宫殿建筑仍按照中轴对称，前朝后寝的方式布局。正南门为丹凤门，丹凤门以北依次是含元殿、宣政殿、紫宸殿、蓬莱殿、含凉殿、玄武殿等主要殿堂，组成南北中轴线。含元殿、宣政殿、紫宸殿为前朝三大殿，正殿为含元殿。三大殿地处龙首原高处，后部地势较低，布置了以太液池为主的宫苑区，建有拾翠殿、跑马楼、斗鸡台等游览建筑。

　　含元殿是大明宫的正殿，位于丹凤门以北，龙首原的南坡上，是举行重大朝会和仪式典礼的场所。殿堂四面环绕副阶，面阔十三间，进深六间。主殿左右向前伸出翔鸾阁和栖凤阁，各以曲尺形廊庑与主殿相连，整组建筑呈"凹"字形平面。主殿前有宽阔的阶梯和斜坡相间的龙尾道，视野开阔，气势异常宏伟（图 8-3）。

　　唐高宗麟德年间在太液池之西的高地上新建了一座大型别殿麟德殿，是宫内规模最大的，形体组合最复杂的一组建筑群。它是皇帝举行宫廷宴会、观看乐舞表演、会见来使等活动的场所（图 8-4）。

图 8-3　大明宫含元殿复原模型（左）

图 8-4　大明宫麟德殿复原图（引自傅熹年主编《中国科学技术史建筑卷》）（右）

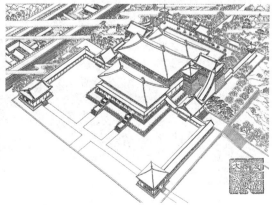

图 8-5　南禅寺大殿

图 8-6　南禅寺结构

图 8-7　佛光寺东大殿

三　宗教建筑的遗存

唐代是佛教发展的一个高峰，各地建有大量寺院、佛塔、石窟等佛教建筑。而且所幸保留下来了几座木构佛教寺院建筑，这也是中国现存最早的几座木结构建筑。其中最重要，最具代表性的有山西五台县的南禅寺大殿和佛光寺东大殿。其他的还有山西芮城广仁王庙、甘肃敦煌莫高窟 196 窟窟檐等，有几处在建造年代问题上仍然在研究探讨中。

南禅寺大殿

位于山西省五台县李家庄。始建年代不详，重建于唐建中三年（782 年），后经宋、明、清及现代多次修葺，但主体结构保留了唐代的原物，是目前国内保存下来最早的一座木结构建筑。大殿面阔和进深各 3 间，平面接近正方形，单檐歇山顶。屋顶坡度平缓，出檐深远，为典型的唐代建筑外观造型。殿内无柱，抬梁式屋架，尤其是平梁上直接由叉手承托脊檩，不设童柱，这是典型的唐代建筑结构特征。殿内保留有唐代泥塑佛像 17 尊，安置在砖砌佛坛上，佛坛正中为释迦牟尼塑像，庄严肃穆，总高近 4 米，基本保存了原有风貌，是现存唐代塑像的杰出作品（图 8-5、图 8-6）。

佛光寺东大殿

佛光寺位于山西五台县东北三十二公里处。创建于北魏孝文帝时期，在唐武宗会昌年间灭法运动中被毁，唐大中十一年（857 年），女施主宁公遇和高僧愿诚主持重建。现存东大殿及殿内彩塑、壁画等，即是这次重建后的遗物。

建筑为单檐庑殿顶，面阔七开间，进深四间。正面明间、次间、稍间均为板门，两端尽间开窗，其余三面均围以厚墙。柱高与开间的尺度大体相等，檐下斗栱高度约为柱高的 1/2。柱身粗壮，斗栱硕大，出檐深远，外观造型给人以雄健有力，气势磅礴的感觉。平面柱网由内外两周柱组成，形成内槽和外槽，即所谓"金厢斗底槽"结构。梁架分为明栿和草架两部分，天花板以下为明栿，天花板以上是草架。天花板做成小方格形式，与日本同时代遗存的木构殿堂相同。平梁上用叉手承托脊檩，而不用童柱，两叉手相交的顶点与令栱相交，令栱承托替木与脊檩，这些都是唐代建筑的典型特征。它是中国现存规模最大的唐代木构建筑。大殿内保存着一组唐代彩色泥塑佛像，极其宝贵。殿堂内壁上还保存有唐代的壁画、题记等，是我国集唐代建筑、彩塑、壁画、题记于一殿的孤例。被著名建筑学家梁思成先生赞誉为"中国第一国宝"（图 8-7、图 8-8）。此建筑由梁思成、林徽因先生于1937 年首次发现。

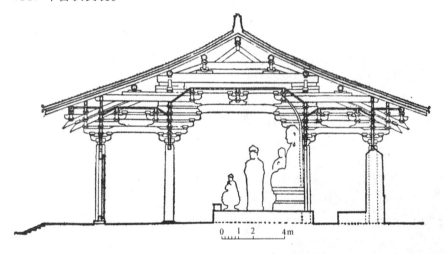

图 8-8　佛光寺东大殿剖面图

塔和寺院建筑布局的演变

唐代佛教建筑还有两个重要的特点，一是塔的造型，一是寺院建筑布局。

中国古代的佛塔一般为八边形等多边形平面，而唐代的塔则多为正方形平面。最典型的是陕西西安的大雁塔和小雁塔、云南大理崇圣寺塔、山东历城神通寺四门塔等，都是唐代方塔的代表作。大雁塔为砖石结构，外表仿木结构形式，用砖石做成木柱梁枋斗栱的样子。它也是外来建筑转变为中国楼阁式塔的典型实例（参见图 7-1）。

唐以后的塔演变为八边形等多边形平面，只在江浙部分地区直到明代仍然保留有方塔。

中国佛教寺院建筑的布局最早是以塔为中心，塔处在寺院中轴线上最重要的位置，形成所谓"塔院"。随着佛教的发展，塔的重要性逐渐减弱，佛殿的重要性逐渐提升，佛殿变得和塔同等重要，塔殿并重。再后来佛殿就成为寺院的中心。唐代正是这个演变过程的中间阶段。大雁塔所在的慈恩寺就是一个典型的塔院；日本奈良的法隆寺则是塔殿并重的

图 8-9　洛阳龙门石窟

图 8-10　唐代皇室墓葬壁画（杜一鸣摄）

图 8-11　河北赵县安济桥（引自潘谷西主编《中国建筑史》参考图）

典型代表；后来所建的寺院就基本上都是以佛殿为中心了，塔放到旁边不太重要的位置去了，有的寺院甚至没有塔了。

石窟

唐代也是开凿石窟的一个高潮。敦煌莫高窟历代开凿的四百九十多个洞窟中，唐代开凿的就有二百八十多个，占了近 60%。山西大同的云冈石窟、河南洛阳的龙门石窟都是在唐代达到最高潮。云冈石窟以石窟造像宏伟壮观著称；龙门石窟则以卢舍那大佛造像之美而闻名，成为唐代石窟造像最高成就的代表，也是中国古代石窟造像的典范（图 8-9）。

四　其他建筑

隋唐时期的建筑在其他方面也都取得了很高的成就。

陵墓建筑方面，唐代帝王陵墓的特点是以山为陵。选一座山为陵墓主体，山前开辟神道，山体内做陵墓地宫。唐代帝王陵墓主要分布在陕西乾县、醴泉、泾阳等地，以位于乾县的唐高宗李治与武则天合葬墓乾陵为典型代表。唐代皇家陵墓中有章怀太子墓、懿德太子墓、永泰公主墓已经发掘，通过它们可以看到唐代陵墓地宫的基本情况。同时，墓道两边墙上的壁画表现了唐代宫殿楼阁、各种人物和宫廷生活的场景，非常宝贵（图 8-10）。

隋唐时期砖石拱券建筑达到了很高的水平，其中最典型的是河北赵县的安济桥（民间称"赵州桥"）。这是一座石砌敞肩拱桥，跨度达 37 米多，建于隋朝开皇十一年至开皇十九年（公元 591～599 年）之间，距今已有 1400 多年的历史。它是由著名匠师李春设计建造，大石拱两边的孔洞减轻了桥身的自重，在涨洪水的时候还可以让洪水从孔洞中流走，减少洪水对桥身的冲击。设计巧妙，制作精美，成为中国乃至世界古代桥梁史上的典范作品（图 8-11）。

五　唐代建筑的造型特点

唐代是中国古代建筑的成型期，中国建筑的基本特征在这时期已经形成，同时也开始了演变的过程。唐代建筑主要在如下几方面有着明显的特征：

屋顶坡度：唐代建筑屋顶坡度平缓，一般屋顶高度和跨度之比为 1∶5 左右。宋代以后，屋顶坡度逐渐变陡，清代坡度最陡，高度和跨度比达到 1∶2.5 ~ 3 左右。

斗栱：中国古代建筑屋檐以下的高度由斗栱和柱子两部分高度组成，唐代建筑斗栱硕大，斗栱占屋檐以下总高度的 1/3 左右，柱子占 2/3 左右。唐以后斗栱逐渐变小，到清代斗栱变得最小，斗栱只占檐下高度的 1/5 ~ 1/6 了。斗栱的大小还有一个结构功能的意义，唐代建筑中斗栱有着重要的结构作用，宋以后斗栱逐渐变小，斗栱的结构作用也逐渐变小，装饰作用增强。清代斗栱最小，基本上没有结构作用，只有装饰作用了。另外唐代斗栱大，因而由斗栱支撑的屋檐也大，屋檐出挑深远，屋顶像大鹏展翅，这是唐代建筑的造型特点之一。后代的斗栱变小，屋顶飞檐也就变小了。

柱子：唐代建筑柱子粗壮，柱子高度和直径之比为 8∶1。宋以后柱子逐渐变得细长，宋元时期柱子高径比为 9∶1，明代 10∶1，清代 11∶1 左右。

第九章　华美的艺术（宋、辽、金时期的建筑）

宋代分为北宋和南宋两个阶段，与它同时存在的还有北方几个少数民族王朝：辽朝、金朝、西夏王朝等。为争夺领土疆域，互相之间战争不断。汉族人建立的宋朝，在中国历史上是一个特殊的时代。与以前秦汉隋唐等朝代相比，宋朝封建专制强权削弱，政治上没有大的作为。军事上在与辽、金、西夏等北方民族政权的战争中节节败退，从公元960年宋朝建立，到1127年靖康之变，在与金朝的战争中北宋灭亡。偏安江南的南宋仍然是民族矛盾不断，直到1279年元朝灭了南宋，在将近320年的历史中，宋朝基本上就是在外部民族矛盾中度过的。宋朝在经济上繁荣发展，繁荣程度甚至超过了唐代，主要是因为商品经济的发展。文化艺术的繁荣是宋代最重要的特点，文学和美术上所取得的成就甚至后代都难以超越。文化艺术取得成就的主要原因是因为宋代的统治者多数是文人，有的皇帝本人就是文学家艺术家。最典型的代表就是宋徽宗赵佶，他是皇帝，同时又是一位著名的画家、书法家。

宋代经济和文化艺术的繁荣，对建筑产生了很大的影响，宋代建筑在艺术和技术上全面发展，达到中国古代建筑发展的最高峰。

一　城市和宫殿的特征

北宋的都城是汴梁，即今河南开封。中国古代城市发展到宋代发生了根本性的变化——打破了延续千年的"里坊制"。中国古代城市实行的里坊制，里坊沿街不准开商店，夜晚实行宵禁，这种制度的一个重要目的就是抑制商业的发展。然而到了宋代由于商品经济的发展，里坊制显然已经无法继续维持。沿街开设各类商铺，商业一派繁荣。宋代著名画家张择端的名作《清明上河图》，画的就是北宋都城汴梁城中的景象。图中不仅画出了汴京城中建筑的面貌：高大的城楼、宽阔的桥梁、街道两边鳞次栉比的店铺屋宇，茶坊、酒肆、衣店、肉铺等各种店铺，还有医药门诊、大车修理、看相算命、修面整容等各行各业，应有尽有。街市行人，摩肩接踵，川流不息，男女老幼、士农工商、三教九流，无所不备，一派商业都市的繁华景象（图9-1）。有史书记载宋代的城市中建筑密集，有的地方甚至建有高高耸起的望火楼，派人守望以防止火灾。所有这些都是宋代以前实行里坊制的城市中所没有的。

宋代的宫殿建筑也是中国历史上比较特别的，与别的朝代相比它没有那样的宏伟壮丽，史书和文学作品中关于宋代皇宫的记载都比较少，

图9-1　《清明上河图》局部

完全没有秦朝阿房宫，汉朝长乐宫、未央宫、唐朝太极宫，大明宫那样脍炙人口，众人皆知的著名宫殿。北宋的皇宫是仿照唐五代洛阳宫殿紫微城的模式,在五代时期旧宫殿的基础上建造的。皇宫的正殿叫作大庆殿，是举行各种朝会大典的地方。北宋皇宫内的殿堂并不很多，整个皇宫的规模也不很大。

南宋建都于临安，即今杭州，当时称为"南京"。南宋的皇宫最初也是规模较小，建筑比较简单的。偏安日久，宫廷日渐沉迷于歌舞升平的生活，于是不断修葺增建宫室，建筑也逐渐变得华丽。史书记载南宋皇宫的正门丽正门装饰极其华丽，朱红大门，缀以金钉，屋顶上覆铜瓦，饰以龙凤天马等，光耀夺目。宫中正殿为大庆殿，又名崇政殿，是举行朝会大典之所。

宋代建筑总体来说规模不大，气势不大，但是非常精美，装饰华丽，这是宋代建筑整体的特征。

二　祠庙的兴盛

祠庙不是宗教，是中国传统的祭祀，纪念历史上的圣贤官宦重要人物和家族内的祖宗先人等。宋代祠庙建筑特别兴盛，这和文化的兴盛有着重要的关系。

晋祠圣母殿
山西太原的晋祠是宋代祠庙建筑的典型代表。晋祠最早创建于西周

图9-2 太原晋祠圣母殿

图9-3 圣母殿前"鱼沼飞梁"

图9-4 晋祠圣母殿泥塑

时期，是为纪念晋国开国诸侯唐叔虞及母后邑姜而建，历经隋、唐、五代的不断营造和修葺扩充，到宋代已经具有很大的规模。现存主体建筑圣母殿创建于北宋太平兴国九年（984年），为宋代原物。面阔七开间，进深六开间，近乎正方形平面。四周围廊，正面廊进深两开间，形成一个宽阔的廊下空间（图9-2）。这种做法极其特殊，为中国各地古建筑中所罕见。重檐歇山顶，造型优美。前檐八根廊柱上盘绕木制雕龙，做法也与其他各地石雕木雕龙柱完全不同。此外，晋祠圣母殿前面有一个方形水池，上面建有十字交叉的桥梁，叫"鱼沼飞梁"，造型奇特，也建于宋代，是中国现存唯一的古代木结构十字形桥梁，极其宝贵（图9-3）。所以晋祠圣母殿是我国现存古建筑中一座极其宝贵的珍品，是宋代建筑最典型的代表作，对研究中国古代建筑发展史有着重要意义。

圣母殿内还有43尊宋代彩色泥塑，以圣母和她身边侍从人员为题材，塑造了一组完整的宫廷仕女形象，各种职别、各种等级、各种神态、各种服饰，极其生动美妙。不仅真实地反映了宋代宫廷人物的服饰和生活形态，雕塑艺术水平也极其高超，是中国古代人物雕塑不可多得的杰作（图9-4）。

三 宗教建筑的高峰

宋、辽、金时期，宗教建筑继续发展，尤其是佛教建筑，有了新的特征，出现了新的建筑形式和构造做法，这是宗教建筑发展的高峰，为后世建筑奠定了基础。

独乐寺观音阁

河北蓟县的独乐寺建于辽统和二年（相当于北宋雍熙元年，公元984年），规模宏大。后经历代修建，仅观音阁和山门保留了辽代的原物。

观音阁面阔五间，进深四间，主体两层，带一层腰檐平坐，内部三层。两重檐歇山顶，檐下斗栱硕大，出檐深远，有点唐风。因为屋檐出挑太深远，以至于时间长了檐下斗栱难以支撑，到清代不得不在四角檐下另外增加四根支柱。独乐寺观音阁在造型上一个最大特点就是在二层楼阁四面出挑外平台，带栏杆，人可以走出建筑外绕行。这种做法叫"腰檐平坐"，简称"平坐"。从可考的资料来看这种做法是从宋代才开始有的，且在宋辽建筑中大量出现，是宋辽时期建筑又一个新的发展（图9-5）。

观音阁内部中央矗立一尊辽代彩塑观音像，高16米，贯穿建筑内部通高，内部二、三层楼板中央开六边形井口，围以木制栏杆，环绕观音像。这种做法也是宋辽时期才出现的（图9-6）。

隆兴寺摩尼殿、转轮藏殿

河北正定隆兴寺保存着一组宝贵的宋代建筑，其中摩尼殿建于北宋皇祐四年（1052年），其最重要的特点是在一个重檐歇山顶下面四方各伸出一个单檐歇山顶的抱厦（又称"龟头屋"）。四周均为封闭的墙壁，不开窗。这种造型是宋代寺院建筑中首次出现，后世也不多见（图9-7）。

图9-5 蓟县独乐寺观音阁

图9-7 正定隆兴寺摩尼殿

图9-6 独乐寺观音阁内

图9-8 正定隆兴寺转轮藏殿

图9-9 转轮藏殿内景

正定隆兴寺另有一座建筑也非常重要，即转轮藏殿，据梁思成先生考证此殿建于北宋中叶（梁思成《中国建筑史》三联书店2011年版P149）。面阔、进深均为三开间，重檐歇山两层楼阁，下层向前伸出披檐。内部中心靠前位置做亭阁式转轮藏，重檐攒尖顶，下层八角形，上层圆形，檐下有制作精美的斗栱。转轮藏中央安转轴，可转动，各面原有收藏经书的抽屉，已经毁坏不存。转轮藏殿也是一个带腰檐平坐的建筑，与独乐寺观音阁做法类似，这是宋辽时期楼阁建筑的常见做法（图9-8、图9-9）。

佛宫寺释迦塔

山西应县佛宫寺释迦塔，民间俗称"应县木塔"，是世界现存最高的古代木结构建筑，古代的"摩天楼"。塔建于辽清宁二年（北宋至和三年，公元1056年），金明昌六年（南宋庆元元年，公元1195年）完成增建。八角形平面，底层直径30.27米。总高度67.31米，外观屋檐六层，实际楼层五层（底层为重檐）。各层楼外出挑腰檐平坐，与前述楼阁建筑做法相同。内部各层有夹层，实际内部为九层（图9-10）。

塔内珍藏有两颗佛牙舍利，及各代彩印经卷、经书等珍贵文物。底层供奉一尊巨大的如来佛，上面各层均供奉有佛像。是一座佛教文物的宝库（图9-11）。

泉州开元寺石塔

福建泉州开元寺前面对称矗立着东西两座塔，东为镇国塔，西为仁寿塔。两塔均建造于南宋理宗时代（公元1228～1247年），平面八角形，高五层，全石构造。外表仿木构造，柱子、梁枋、门窗、斗栱等均用石材仿木造型，制作精美。墙面石雕佛像，屋檐、台基等处石雕装饰十分精美，是宋代建筑艺术的结晶。两座塔除了在斗栱细部做法上有所不同以外，在尺度、比例、外观造型等各方面均很类似，典型的姊妹双塔。如此大规模的仿木结构石塔在国内罕见，极其宝贵（图9-12）。

四　风景和园林建筑盛行

宋代是一个文学艺术繁荣的时代，宋朝的文学和艺术都是中国历史上的一个发展高峰。文学上，宋词与唐诗并称为中国文学史上的瑰宝，其文学水平之高可以说是空前绝后，不仅过去没有，甚至后来也再没有什么时候达到过那个水平。宋朝的美术也是中国美术史上的巅峰，大量流传下来的美术作品一直都是后人模仿学习的榜样。宋朝是一个文人当政的朝代，大多数皇帝都对文学艺术有很高的造诣。宋朝的这种社会状况决定了宋朝建筑的特点——没有宏伟的气魄，但十分精美。宋朝政治上弱小，因而皇宫也不气派，宋朝几乎没有一座能够在历史上留下赫赫威名的宫殿。但是宋朝建筑的华丽又是历史上空前的。一是建筑造型新颖，具有艺术创造性。从一些宋朝遗存下来的古画中我们能够看到一些新颖的建筑式样，很多都是以前没有过的。二是建筑装饰华丽，从史书记载和流传下来的古画中都可以看到宋朝建筑装饰之华美。这就是宋朝这个时代的特征。

图9-10　应县佛宫寺释迦塔

文学艺术繁荣的直接结果就是园林艺术发达，因为风景园林是和文学、绘画等艺术形式相通的。文人艺术家喜欢游山玩水，吟诗作画，"三大名楼""四大名亭"之类的风景建筑都是和文学直接相关的。

建造园林的人，不仅是有钱人，而且一定是有文化之人，即所谓"文人"。宋朝上自皇帝，下到一般文人士大夫都雅好园林，所以园林艺术很发达。宋朝没有历史上著名的雄伟宫殿，但是却有历史上著名的皇家园林，艮岳、金明池都是宋朝皇家园林的典型代表，也是中国历史上著名的园林。

图9-11　释迦塔内景

艮岳建成于宋徽宗宣和四年（1122年），在1127年金人攻陷汴京时被毁，仅仅存在了几年。它在园林堆山叠石方面集历代之大成，园中奇花异木，珍禽异兽，楼台亭阁，极尽奢华。史书中称其为"括天下之美，藏古今之胜"。园落成后，宋徽宗赵佶曾亲写《御制艮岳记》，记载这一奇美园林。

金明池也是北宋时期著名的皇家园林，位于东京汴梁城（今开封）外。史书记载金明池周围九里三十步，池中央有仙桥，状若飞虹，桥头有宝津楼，殿阁相连，建筑瑰丽，奇花异石，珍禽怪兽充盈其间。金明池对老百姓开放，每当春意盎然，桃红柳绿的季节，京城居民倾城而出，到金明池郊游。平时水军在此操练，张择端名作《金明池争标图》就是描绘了

图9-12　泉州开元寺仁寿塔

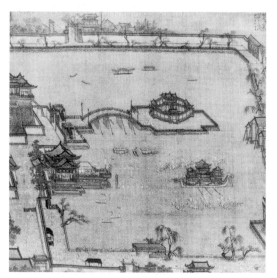

图9-13 宋画《金明池争标图》

金明池中水军演练的场景（图9-13）。文人墨客也多有诗词赞美金明池的景色。到明代金明池还是"开封八景"之一，称为"金池夜雨"。明崇祯十五年（1642年）洪水，园池湮没被毁。

宋朝园林艺术的发达，甚至导致了一场农民起义。因为造园林需要奇花异石，上自皇帝，下至地方官吏和民间士绅对奇石的爱好形成一股风气。宋徽宗为建造艮岳，四处搜罗太湖石，结成船队在河上运输，被称之为"花石纲"（"纲"即用绳子将船连接成编队）。为此耗费大量财力，地方税收和民间贡赋负担加重。有时搜罗到大体量的花石，为了运输不惜拆民宅，毁桥梁，甚至拆城门。有钱人也纷纷效仿，搜罗花石，建造园林成风。搞得民间百姓苦不堪言，怨声载道，最终导致了一场农民起义——方腊起义。这也从另一方面说明了当时造园风气之盛。

五 文教建筑的发展

宋代经济繁荣，文化发达的另一个表象就是文化教育的大发展，以学宫文庙和书院建筑的兴盛为标志。

中国古代的学校有两类——学宫和书院，官办的学校叫学宫，一般民办的学校叫书院。官学是有行政级别的，京城的官学——天子之学叫"国子监"，地方官学按行政级别分为府学、州学、县学。书院因为是民办的，所以一般不按地方行政级别划分，而是按教学内容分为两类，一类属于启蒙的、普及型的教育（相当于今天的中小学），一类是高级的、研究性的教育（相当于今天的大学和研究院）。

学宫最大的特点是有一个独立的孔庙或文庙与其并存，主体建筑形成两条轴线，学宫和文庙各有一条独立完整的轴线。中国古代礼制规定，凡办学"必祭奠先圣先师"，于是在学校里建孔庙祭祀孔子。这一制度从唐代开始，宋代开始向全国普及，加之宋代文教发达，孔庙、文庙遍及全国各地。自汉代以后各朝各代都要封孔子一个王位，其中最重要的是宋朝封孔子为"大成至圣文宣王"，因而各地的孔庙均称"文宣王庙"，简称"文庙"。今天通称的"文庙"一词也就起源于此，对孔子、孔庙的一些名词称号也都源于这时。同时，由于孔子的特殊地位，致使各地的文庙建筑均按皇家建筑的等级规格来建造，都是红墙黄瓦，宫殿式样。

学宫都有一座独立的文庙，而书院作为民间建筑，不能有独立的文庙，只能在书院里用一座殿堂专门祭祀孔子。因此书院主体建筑一般只有一条轴线，没有文庙的轴线，只有个别规格特别高的例外，例如湖南岳麓书院，就有一个独立文庙，主体建筑有文庙和书院两条轴线。宋代最著名的是四大书院：湖南长沙岳麓书院、江西庐山白鹿洞书院、河南登封嵩阳书院，另外一座有两种说法，一说是河南应天府书院，一说是湖南衡阳石鼓书院（图9-14）。

宋代由于北方民族矛盾，战争频繁，大量中原汉人南迁。后来北宋灭亡，南宋建立，整个国家政治、经济、文化中心南移。南宋以后，原来相对偏远落后的南方地区经济、文化都大发展起来。

图 9-14　岳麓书院和文庙

六　《营造法式》——建筑成就的结晶

中国古代建筑经过数千年的发展，技术和艺术上都已经达到了最高的程度。《营造法式》是中国历史上第一部最完整的建筑全书，它的出现是对中国建筑历史成就的一次全面总结，标志着中国古代建筑已经发展到了完全成熟阶段。

《营造法式》由当时的将作监李诫在前人经验的基础上编写而成，北宋崇宁二年（1103年）正式颁行。全书共36卷，分为5个部分：释名、诸作制度、功限、料例和图样，按照大木作、小木作、石作、砖作、瓦作、泥作、彩画作等13个工种工序，分别全面而详细地介绍了建筑各部名称和做法。严格意义上说《营造法式》并不是一部建筑学的专著，而是一部建筑法规和规范。它对后世产生了深远的影响。

《营造法式》的特点表现在几方面：

第一，《营造法式》中的"以材为等"是中国建筑史上第一次标准化度量制度，类似于今天的"模数制"。按照建筑等级（"材分八等"）以"材""栔""分"为基本度量单位来确定建筑其他构件的尺寸，"材"成为一个基本模数。后来清朝工部颁布的《工程做法则例》中，以"斗口"为模数，实际上是在《营造法式》的"材"基础上发展变化。

第二，《营造法式》是历代建筑经验的总结。中国建筑发展到宋代已经成熟，历史上很多建筑经验都在此书中体现出来。例如"侧角"（建筑四角的柱子略微向中心倾斜，增强建筑的稳定感）；"升起"（屋脊两端略微高于中间）等做法都在书中得到确定。

第三，设计与建造的灵活性。《营造法式》中虽然规定了以"材"为模数，来确定建筑构件的尺度，但并没有限制建筑的群组布局和开间规模。在建造者确定了布局和规模之后再运用模数来确定建筑材料尺寸，设计和制作均很便利灵活。

第四，装饰艺术性与结构合理性的统一。宋代建筑讲究艺术性，每一个建筑构件的制作都讲究造型之美。但是这种装饰艺术之美并不是简单地在表面上附加上去，而是整个构件造型要符合于受力的合理性。

第五，管理的严密性。《营造法式》在建筑工程管理方面最突出的成就是"工限"（用工的数量）和"料例"（用材的数量）。"料例"通过"材"的模数，可以准确地计算出整个建筑的用材量。"工限"则从建筑材料的运输，加工制作到安装搭建的全过程的用工量进行计算和控制。可以详细到材料运输方式，花费的时间，距离的远近，顺水还是逆水，构件加工中材料的软硬，加工制作的难度等，各方面都详细估算。通过对工限、料例的计算，可以比较准确地控制工程造价。所以《营造法式》的颁布，也正好是配合了当时王安石变法，惩治建筑领域中贪污腐败的需要。

第十章　最后的辉煌（元、明、清时期的建筑）

宋朝后期，北方地区民族矛盾进一步加剧。直到最后，南宋被蒙古族所灭，建立了中国历史上第一个少数民族统治的统一帝国——元朝。元朝虽然军事强大，但是政治、经济和文化上乏善可陈。尤其中期以后政变频繁，权臣干政，政治上始终不稳定。后期又民族矛盾与阶级矛盾加剧，导致各地农民起义。1368 年，朱元璋称帝在南京建立明朝，随后北伐攻占北京，驱逐了元廷，蒙古统治者逃往漠北，元朝灭亡。明朝统一天下以后，先是建都于南京，明成祖朱棣迁都北京。明朝在北京延续了 200 多年。这时在东北兴起了又一个少数民族建州女真（后来的满族）建立的政权——开始是"后金"，后改为清朝。明末爆发了李自成的农民起义，攻入北京，推翻了明朝。东北的清朝乘势南下进攻北京，李自成败走，清朝进入北京，进而武力统一全国。再一次建立了少数民族统治的统一王朝——清朝。

元、明、清三朝是中国封建社会的后期，建筑上虽也有一定发展，但总的来说建树不大。中国建筑在宋朝达到最高峰，以后就基本上是保守着已有的成果，稍作改进，没有太大发展了。

一　最后的皇都和宫殿

统一的中华大帝国形成以后，元朝正式在今天北京这个地方建都，叫"大都"。在此之前，金朝曾经在此建立过金中都。元大都城规划设计是参照了《周礼·考工记》中"九经九纬""面朝后市""左祖右社"等规制的。元大都的皇宫位置基本上仍然是今天故宫的位置，只是整个城市的位置靠后，皇宫靠前，城市在后，"面朝后市"（图 10-1）。

明朝开始在南京建都。明洪武元年（1368 年）明朝大将徐达攻陷元大都，元朝灭亡。因为当时徐达攻陷元大都时元顺帝不战而逃，城市未受到战争的破坏，得以完整的保留。

1370 年，明太祖朱元璋封四子朱棣为燕王，驻北平（北京）。1398 年，明惠帝朱允炆继位，建文元年（1399 年）开始削藩，遭到各路王侯反对。1399 年，朱棣发动靖难之役，于 1402 年夺得帝位，是为明成祖，年号永乐。

永乐四年（1406 年），明成祖下诏以南京紫禁城为蓝本，兴建北京紫禁城，开始做迁都北京的准备。永乐十四年（1416 年），明成祖正式召集群臣商议迁都北京之事。次年，北京城和紫禁城正式开始动工。

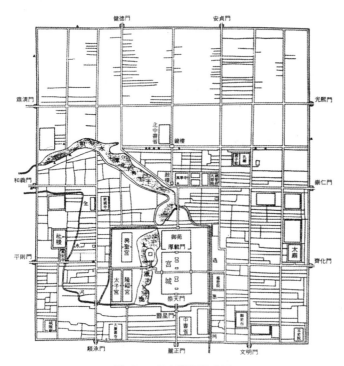

图 10-1 元大都平面示意图

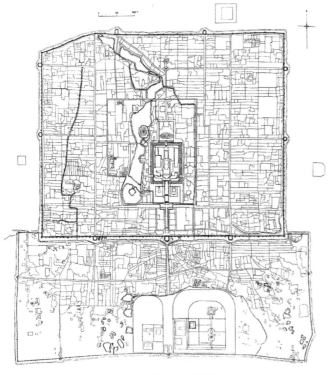

图 10-2 明清北京城平面图

明朝北京在元大都的基础上发展，把南边的城墙从原来正阳门（前门）的位置向南延伸到永定门的位置，形成了皇城前面的主街，今天著名的前门大街。后部放弃了元大都北边比较偏僻的部分，把北边城墙向南移2.8公里，移到今天德胜门、安定门的位置。而皇宫的位置基本上没变，因此原来元大都的皇宫是在中轴线的前端，而到明朝的北京，皇宫位置并未动，但是已经到了中轴线的中段去了。另外城区向南边延伸的部分宽度也比原来城的宽度更大，这就形成了北京城著名的"凸"字形平面。

明清北京和紫禁城的布局达到了古代都城规划登峰造极的地步。皇宫紫禁城处在中轴线的中段，皇宫的大门是午门，午门前是端门，端门前是天安门，天安门前是前门（明代叫正阳门），前门前是前门大街，前门大街一直往南，直到最南端，便是北京城的正南门——永定门。

紫禁城北门是神武门，正北边是景山，景山山顶正中有一座万春亭，穿过景山万春亭再往北，中轴线上有寿皇殿建筑群、钟楼、鼓楼和鼓楼大街。从南到北一条中轴线纵贯北京城，皇宫处在中轴线的中段。另外，都城南边有天坛，北边有地坛，东边有日坛，西边有月坛，四方拱卫，天下以皇帝为中心的思想表达得非常明确（图10-2）。

紫禁城选址基本上沿用了元大都皇宫的位置，只是元大都皇宫的建筑基本上没有留下来，紫禁城的建筑完全是明朝新建的。明永乐十八年（1420年），北京皇宫紫禁城和北京城同时建成。紫禁城南北长961米，东西宽753米，占地面积72万平方米。皇宫的规划是有着详细的定制，周围有高大的城墙，城墙外有护城河，四角有角楼。以午门为正门，东边有东华门，西边有西华门，后面是神武门。紫禁城规划完全按照古代皇宫规制，其中比较重要的有"五门三朝""左祖右社""前朝后寝"等规定（图10-3）。

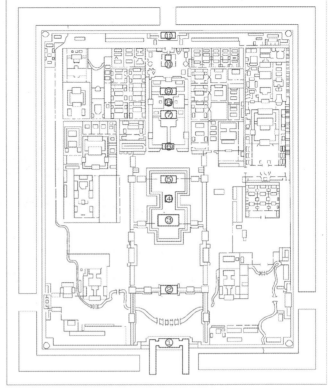

① 午门
② 太和门
③ 太和殿
④ 中和殿
⑤ 保和殿
⑥ 乾清门
⑦ 乾清宫
⑧ 交泰殿
⑨ 坤宁宫
⑩ 御花园
⑪ 神武门

图10-3　紫禁城平面图

所谓"五门三朝"，是古代宫殿制度规定皇宫前面要有连续五座门，《礼记·明堂位》曰："天子五门，皋、库、雉、应、路。"即分别为皋门、库门、雉门、应门、路门；而皇帝的朝堂要有三座，分别为外朝、治朝、燕朝。在今天北京故宫中相应的五门就是大明门（清朝改为大清门、民国改为中华门，后拆除，位置在前门北边，今毛主席纪念堂的位置）、天安门、端门、午门、太和门；三朝即故宫中的三大殿——太和殿、中和殿、保和殿。三座殿堂分别有不同的功能，太和殿相当于"外朝"，是皇帝朝会文武百官和举行重大典礼仪式的场所；中和殿相当于"治朝"，是皇帝举行重大典礼之前临时休息的地方，有时也在这里处理一般朝政；保和殿相当于"燕朝"，是皇帝个别会见朝臣，处理日常朝政的场所（图10-4）。

图10-4　故宫三大殿

紫禁城中最重要的是太和殿，它是皇宫的正殿，也是今天国内最大的一座古建筑。重檐庑殿顶，十一开间。按礼制规定，最高等级是九开间，太和殿十一开间是明代的发展，是一个特例。三大殿平面呈"工"字形，共同坐落在一座"工"字型平面的三层汉白玉台基上，十分壮观（图10-5）。

图10-5 故宫太和殿

所谓"左祖右社"，是指皇宫的左边是祭祀祖宗的祖庙，即太庙（今劳动人民文化宫）；右边是祭祀社稷的社稷坛（今中山公园）。

所谓"前朝后寝"，是指皇宫分为前后两个区域。以乾清门为界线，前面的区域称为"朝"，是皇帝朝会群臣处理政务的场所；后面的区域即人们常说的"后宫"称为"寝"，是皇室及宫女太监等宫中人员居住生活的场所。外朝中轴线上以太和殿、中和殿、保和殿三大殿为中心，东有文华殿，西有武英殿为两翼。外朝的后面是内廷，中轴线上有乾清宫、交泰殿、坤宁宫、御花园以及后门神武门，东西两侧分别有东六宫、西六宫等建筑。

二 坛庙建筑的发展

坛庙建筑到元明清时期发展到高峰，尤其是明清北京城的坛庙。

按照中国传统的阴阳五行的方位观念，南为阳，北为阴，东为阳，西为阴。天坛为阳，在南边；地坛为阴，在北边；日坛为阳，在东边；月坛为阴，在西边。除此之外，还有社稷坛、先农坛等。

天坛

现在的北京天坛始建于明永乐十八年，和北京城、故宫紫禁城同时建成，建都城建皇宫，必须同时建天坛。天坛是古代皇帝祭天的场所，是一座非实用性的建筑，其占地面积将近故宫紫禁城的4倍，这也足以说明它的重要性和特殊性。

明成祖迁都北京，北京天坛大体上仿照南京天坛的形制建造，初名曰"天地坛"，沿用以往天地合祭的形式。明嘉靖九年（1530年）改革礼仪制度，改变了沿用多年的天地合祭，把天坛和地坛分开祭祀。

在总体布局上，天坛不仅突出表现天的形象，同时还体现了天和地的关系。明朝永乐年间创建之初时是天地合祭的"天地坛"，因此应该同时体现天和地两者的形象，于是把围墙的北边做成半圆形，南边做成方形。这样不仅表现了天圆地方的意思，同时还表明了天在上地在下的关系，这围墙也因而被人们称为"天地墙"（图 10-6 ）。

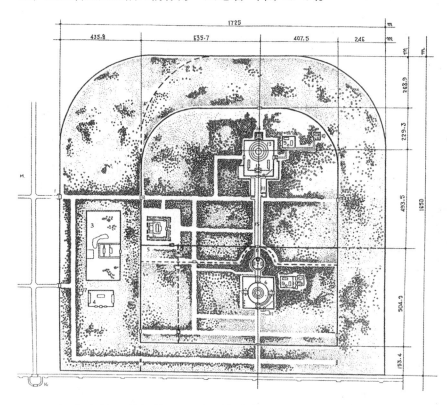

图 10-6　北京天坛平面图

天坛有内外两道坛墙，两道坛墙使整个天坛形成内外两层。内层并不处在外坛墙内的正中，而是偏东；内坛墙内的主体建筑所在的中轴线又不是在正中，再一次偏东。这样既体现了东为阳，同时又使从西天门到主体建筑之间的距离越拉越大，使人产生一种进入天庭的遥远感觉。

天坛中轴线上的主体建筑是由前部的圜丘坛、皇穹宇和后部的祈年殿两组建筑群构成。圜丘坛是一个三层的圆形坛台，每层边缘环绕汉白玉栏杆。上层坛面中心有一块突出地面的圆形石块叫"天心石"，天心石之外用扇形石块一圈一圈墁铺，每一圈的石块数量以阳数之极——九和九的倍数递增。第一圈九块（一九），第二圈十八块（二九），第三圈二十七块（三九），依此类推，一直到九圈。第二层、第三层坛面继续以九的倍数增加，总之要符合于"天"的数字。圜丘坛外围以矮墙，方形平面，内圆外方，也是象征"天圆地方"。

圜丘坛的北边是皇穹宇。皇穹宇是一座圆形单檐攒尖顶的建筑，外围以圆形围墙，这就是著名的"回音壁"。圆形的皇穹宇主殿处在圆形庭院的中轴线上，靠近北边围墙，南边左右各有一座长方形平面的厢房。

图 10-7　天坛皇穹宇（上）
图 10-8　天坛祈年殿（下）

皇穹宇殿堂内供奉着"昊天上帝"的牌位，每到举行祭天大典的时候，就把牌位从皇穹宇请出来，放在圜丘坛上祭祀。所以皇穹宇实际上相当于圜丘坛后面的寝殿（图 10-7）。

出皇穹宇后面往北，有一条 360 米长的神道，叫"丹陛桥"，丹陛桥高出两边的地面 4 米多，成一个缓缓上行的坡道。两旁下面的地面上满植苍松翠柏，人走在丹陛桥上，看两旁脚下的茫茫林海一直延伸到远处的天际。正前方遥望高高矗立于远处的祈年殿建筑群，有如天宫楼宇。沿着丹陛桥的坡道缓缓向上，走向祈年殿，给人一种走向天庭的感觉，因而被人称为"通天神道"。

本来按照古代的规制，坛上是没有建筑的，所谓"坛者不屋"。祭祀天地尚质朴，不在于华丽的建筑。明代开始在坛台上建造殿堂，起初是方形的殿堂，叫"大祀殿"，十一开间，类似于故宫中的太和殿。明嘉靖二十四年，拆大祀殿重建，将原来的方形大殿改成三重檐圆形大殿，叫"大享殿"，即今天的祈年殿，此又是天坛建筑上的一大创举。只是明代大享殿三重圆形屋顶分别覆盖三种颜色的琉璃瓦：上层为蓝色，中间一层为黄色，下面一层是绿色。清乾隆十六年修缮时将三层屋顶全部改为蓝色琉璃瓦。光绪十五年八月祈年殿遭雷火击毁，同年九月至次年四月按原样重建，今天我们所看到的天坛祈年殿就是这一次修复后的原物（图 10-8）。

在几千年的历史发展中，祭天的形式和天坛建筑式样也在不断变化。现存的北京天坛，可算是集历代天坛建筑艺术之大成。

社稷坛

社稷坛在天安门的西边，按照古代礼制中"左祖右社"的形式布局。社稷坛是祭祀社神（土地之神）和稷神（五谷之神）的祭坛。中国古代是农业国，土地和粮食是立国之本，因此古代皇帝每年都要亲临祭祀社神和稷神。

北京社稷坛始建于明永乐十八年（1420 年），和紫禁城、太庙同时建成。主体建筑是社稷坛、拜殿，附属建筑有戟门、神库、神厨、宰牲亭等。其中最重要的是社稷坛的坛台，两层方形坛台上铺有五色土，按照东南西北中五方，分别填铺五种颜色的土壤。东边青色、南边赤色、西边白色、北边黑色、中央黄色。正中埋有一根石柱，顶部露出一点，这是社神的神主（图 10-9）。

中国古人认为，天下五方分别由五个大神管辖。同时对应着中国阴阳五行学说，东方尊太昊，辅佐为木神；南方尊炎帝，辅佐为火神；西方尊少昊，辅佐为金神；北方尊颛顼，辅佐为水神；中央尊黄帝，辅佐为土神。东方青色，南方赤色，西方白色，北方黑色，中央黄色。东南西北中、青赤黑白黄、木火金水土，五方、五色、五行互相对应。

社稷坛坛台周围一道矮墙，也是用彩色琉璃砖砌筑而成，东边青色，西边白色，北边黑色，只是南边用黄色取代了赤色，因为围墙只有四条边，不能用五种颜色。

图 10-9　北京社稷坛坛面

三　宗教建筑新气象

元、明、清时期，中国的宗教有了新的发展。元代随着蒙古统治者进入中原的军队成分比较复杂，伊斯兰教和藏传佛教都随着元军进入中原并大规模传播。

伊斯兰教早在宋代就已经传入中国，元代开始在各地传播。东南沿海的福建泉州，今天仍然保存有中国伊斯兰教最早的清真寺——清净寺。泉州是中国最早对外开放的沿海城市，从宋代开始，这里就有了发达的海上贸易和对外交流，一度成为世界第一大港口，也是海上丝绸之路的起点。宗教也不例外，泉州的宗教建筑也带有了一些外来文化的特色。例如泉州开元寺，大殿石柱做法完全不同于中国传统做法，斗栱上做有带翅膀的飞天人物形象，这些显然都是外来文化的影响所致（图 10-10、图 10-11）。

图 10-10　泉州开元寺石柱

泉州清净寺

泉州清净寺，又名"艾苏哈卜寺"，始建于南宋绍兴年间，后毁于战火，元代重建。现存主要建筑有大门楼、奉天坛和明善堂等。大门楼用辉绿岩条石砌筑而成，阿拉伯伊斯兰教建筑式样，尖拱形大门，顶部方形平台四周围以回字形雉堞。原有的圆形屋顶和伊斯兰教清真寺特有的宣礼塔均已被毁掉（图 10-12）。

图 10-11　开元寺斗栱

图 10-12　泉州清净寺

图 10-13　永乐宫三清殿

图 10-14　永乐宫三清殿壁画（李雨薇摄）

传入内地的伊斯兰教清真寺建筑也有两种类型：一种是完全的西亚风格的建筑，主建筑中心部位高高耸起洋葱头式的穹顶，尖券形门窗，角部有"邦克楼"（宣礼塔）。另一种是中国传统建筑式样，只是细部装饰上具有伊斯兰教文化特征。例如伊斯兰教是禁止偶像崇拜的，所以清真寺内是没有神像的，建筑装饰上也不能有人物形象，只能用阿拉伯式的图案——植物花纹和由此而抽象出来的几何形图案。建筑上的文字，包括匾额等都用阿拉伯文。这种汉式建筑类型的清真寺最著名的有西安大清真寺和北京牛街清真寺。

元代道教有一个发展的高潮，元统治者信赖道教，北方全真道首领丘处机受到成吉思汗器重，曾经聘他为国师。因此元朝建立后，道教兴盛，各地兴建了一批道教庙宇建筑，元大都号称有道教庙宇 52 宫、70 观。只可惜元代各地的这些道教建筑多数在元末战乱中被毁，保存下来最宝贵的应数山西芮城永乐宫。

永乐宫

永乐宫故址在山西省芮城县永乐镇，因而得名"永乐宫"，又名大纯阳万寿宫。1959 年至 1964 年间，因黄河三门峡水库的修建，永乐宫位于库区淹没区内，被整体搬迁至芮城县城北郊的龙泉村现址。

永乐宫建于元代，元定宗贵由二年（1247年）开始动工，元至正十八年（1358 年）竣工，前后延续 110 多年建成。现存的永乐宫主要建筑有山门（又称龙虎殿），以及三清殿、纯阳殿、重阳殿三座大殿，尤以三清殿最为宝贵。单檐庑殿顶，七开间，黄色琉璃瓦，屋顶式样及屋脊、鸱吻等保留了元代特征，是一座难得的元代建筑的典型代表（图 10-13）。尤其是大殿内保存着的壁画是中国古代建筑壁画的巨幅杰作。三座大殿中均有壁画，共有 1000 余平方米。最大最重要的是主殿三清殿中的"朝元图"，画的道教 300 神仙朝会元始天尊的宏大场面。画面 4米多高，占满整个墙面，300 余尊人物长相、神态、服装各不相同，栩栩如生，是中国美术史和宗教艺术史上的重要作品（图 10-14）。

藏传佛教（也叫"喇嘛教"）也是随着元军而传入内地。但是多在北方地区传播，山西、陕西、河北、内蒙古等地藏传佛教寺院较多，南方很少。藏传佛教寺院建筑的主要特点是碉楼式的平顶多层楼阁，外墙以红白两色为主（著名的拉萨布达拉宫就是由"红宫"和"白宫"两大部分组成的）。墙上的窗洞也是呈梯形，用木板窗扇关闭，如果外墙是白色，窗板则涂成红色；如果外墙是红色，窗板则涂成白色。总之，用红白两色相间，构成一种有节奏感的建筑形象。另外，宝瓶形状的"喇嘛塔"也是藏传佛教寺院最具特征的建筑。

元、明、清时期北京最重要的藏传佛教建筑主要有两座，一座是元代建造的妙应寺，一座是清代的雍和宫。

妙应寺白塔

北京妙应寺喇嘛塔（俗称"白塔"）是国内现存喇嘛塔中最重要的一座。它年代之早，规模之大，造型之美都可以说是国内之最。塔始建于元至元八年（1271 年）。忽必烈敕建，由当时入仕元朝的尼泊尔匠师阿尼哥主持设计和施工建造。随后忽必烈又下令以塔为中心兴建一座"大圣寿万安寺"。史书记载此寺院作为元朝的皇家寺院，是当时营建元大都城的一项重要工程，规模巨大。元至正二十八年（1368 年）的一场雷火，烧毁了寺院所有的殿堂，唯有白塔幸免于难。明宣德八年（1433 年），明宣宗敕命维修了白塔，天顺年间寺庙得以重建，建成后命名为"妙应寺"，但寺院面积比元代的缩小了（图 10-15）。

真觉寺金刚宝座塔

北京真觉寺内有一座金刚宝座塔，建于明成化九年(1473 年)，建筑式样仿照印度佛陀迦耶塔形式。下部有一高高方形台座，叫"金刚宝座"。台座平面南北长 18.6 米，东西宽 15.73 米，高 7.7 米。台座下部有须弥座，上面五层小屋檐，每层屋檐下有小佛龛，龛内雕有小佛像。台座正面有拱券大门，门洞上方刊有"敕建金刚宝座、大明成化九年十一月初二日造"的石匾额。台座上面矗立五座密檐式小塔，中央一座较高大，四角的四座较小，中央塔尖加上下面台座，总高 17 米。台座正面上方建有一座方形小亭阁，四面有墙，两层屋顶，下层方形，上层圆形攒尖顶，黄色琉璃瓦，绿色剪边，以表示这是一座皇家寺庙。从下部台座拱券大门进入塔室，中心有一方形塔柱，柱四面各有佛龛一座，龛内原

图 10-15　北京妙应寺白塔

图 10-16　北京真觉寺金刚宝座塔

图 10-17　北京雍和宫

图 10-18　承德避暑山庄外八庙（李旭摄）

有佛像现已不存。室内东西两侧各有石阶梯盘旋而上，通向宝座顶上的小亭阁内。这种建筑造型是中外文化交流的产物，国内现存此类金刚宝座塔为数不多，北京真觉寺金刚宝座塔是其中年代最早、造型最精美的一座（图 10-16）。

雍和宫

雍和宫是北京最大的一座藏传佛教寺院。清初康熙帝在此建造府邸，后赐予其子雍亲王，称"雍亲王府"。雍正即位后改王府为行宫，称雍和宫。因此雍和宫实际上本来是皇帝的一座行宫，所以采用红墙黄瓦的皇家建筑规格。与紫禁城皇宫一样规格。乾隆九年（1744年），雍和宫改为喇嘛庙，雍和宫是清朝中后期全国规格最高的一座佛教寺院（图 10-17）。

雍和宫规模宏大，由五进宏伟的大殿组成，前部有三座精致的牌坊，引人注目。寺院占地面积 66 400 平方米，有殿宇千余间。

承德避暑山庄外八庙

在承德避暑山庄周围有八座藏传佛教的寺庙，叫"外八庙"。大多是藏式或汉藏结合的建筑风格，也有少数汉式建筑。它们是专为西藏、内蒙古、新疆等地少数民族上层领袖而建造的。清朝皇帝每年都到承德避暑山庄休假避暑，往往同时召集少数民族的王公贵族们到这里来一同聚会游玩，联络感情，以安定边疆。而这些少数民族上层多数是信奉藏传佛教的，因此便专门为他们建造了这些寺庙，有的实际上就是他们的行宫。通过这种"深仁厚泽"，以达到"合内外之心，成巩固之业"的目的。所谓"外八庙"实际上有 12 座，因为其中只有 8 座是由清朝政府建造，并由朝廷理藩院管理，所以以"外八庙"统称（图 10-18）。

四　园林建筑新高潮

明清时代是中国古代园林艺术发展的最后一个高潮，主要成就体现在皇家园林和私家园林两种风格完全形成，而且有大量的实物保存下来，让我们能够亲身感受它们的独特艺术风格。

皇家园林的特点是：占地大，"普天之下莫非王土"，它想占多大就可以多大。早期的皇家苑囿不只是游览的功能，还有种植瓜果蔬菜，放养动物的实用功能，到后期就基本上只有游览的精神功能了。我们今天能看到的清朝皇家园林——北京颐和园、北海、中南海、承德避暑山庄等都是。造园手法都是要做大片水面，象征东海，水中做岛，象征东海神山。历代皇帝都追求长生不死的神仙方术，所以都在园林中模仿仙山琼阁的意境。这种模仿东海神山的造园手法自秦汉时期开始，一直延续到明清时期仍然如此，不仅山体水体造型上的模仿，连名称都是来源于此。例如颐和园中的山叫"万寿山"（长生不老）；北海中的岛叫"琼华岛"（神仙住的地方）；中南海中一个岛叫"瀛台"（东海神山有一座"瀛洲"）；圆明园四十景中就有"蓬岛瑶台""方壶胜境"等，都是来自东海神山的名称（图10-19）。

图10-19　《圆明园四十景图》蓬岛瑶台

皇家园林中的建筑都很华丽，黄色、绿色琉璃瓦，大红柱子，梁枋上布满彩画，色彩艳丽华贵，体现皇家建筑的气派。最典型的就是北京颐和园、景山、北海、中南海中的建筑。

私家园林的特点是：占地较小，宝贵的土地，需要花钱买，不可能像皇家园林那样，所以只能是小桥流水、假山怪石、亭台楼阁、花草植物等密集而巧妙地布局。私家园林南方北方都有，在艺术精美程度上以江浙一带的江南园林为典型代表。私家园林的主人大多是文人出身的官吏或富商，具有较高的文学艺术修养，所以人们常把这类私家园林称作"文人园林"。私家园林不像皇家园林那样追求象征长生不老的"东海神山"，向往的是躲避尘世喧嚣的安宁净土。密集的山石花木，曲折蜿蜒的小径，营造一种静谧的氛围。私家园林的建筑也不追求宏伟华丽，建筑风格朴素淡雅，没有鲜艳夺目的色彩装饰，但是非常精致，体现文人的审美趣味。

明清时期园林艺术的一个重要成就是，出现了中国历史上第一部园林学专著——《园冶》。《园冶》写于明崇祯四年（1631年），崇祯七年（1634年）刊行。作者计成，字无否，苏州吴江人，生于明万历十年（1582年），文学家、造园艺术家。《园冶》是中国历史上第一部，也是最完整的一部园林学专著。全书共3卷，分为"兴造论"和"园说"两大部分，分别论述了造园思想、基本原理。详细论述了相地、立基、屋宇、装拆、门窗、墙垣、铺地、掇山、选石、借景等具体的造园手法，并附图235幅加以说明。

北京颐和园

颐和园在北京西北郊，距城区约15公里，是目前保存下来最大的一座清朝皇家园林。颐和园的前身是清漪园，乾隆皇帝为其母亲做寿而兴建。清漪园与圆明园毗邻，咸丰十年（1860年）英法联军焚毁圆明园的时候清漪园同时被毁。光绪十四年（1888年）重建，改名颐和园。颐和园占地面积293公顷，主要由万寿山和昆明湖两大部分组成。各类建筑3000余间散布在万寿山前后与昆明湖周边，总体上自由布局，局部为中轴对称式布局。从万寿山最高处的佛香阁往下到排云殿一组是整个颐和园的中心主轴线，园中另外各处帝后们居住或临时处理朝政的地方，也是轴线对称布局的庭院。其他观赏游览类的建筑就都是自由式布局了（图10-20）。

除了主要的建筑以外，颐和园中有几处比较特别的地方：万寿山佛香阁后面的智慧海再往下，是一片藏传佛教寺庙，有喇嘛塔和藏式建筑与汉式建筑混合；后山下面河边有一条仿苏州的买卖街；后湖东端有一座小巧的"园中之园"——谐趣园，仿无锡寄畅园而建。这都是清初皇帝羡慕江南园林美景和人文风貌而仿造的（图10-21）。

苏州拙政园

拙政园位于苏州市内老城东北隅（现东北街178号），始建于明正德四年（1509年），占地78亩（约合5.2公顷），是江南古典园林的代表作品，也是苏州现存最大的古典园林。明代御史王献臣官场隐退，以原大弘寺基址拓建为园，取晋代潘岳《闲居赋》中"灌园鬻蔬，以供朝夕之膳……此亦拙者之为政也"之意，命名为"拙政园"，以表淡出官场政治的决心。后来多次更换主人，园林和建筑也多有改变。

拙政园以水为主，与其他江南园林相比比较疏朗开阔，山水植物占主要部分。亭台楼阁建筑比较稀疏，但也有三十一景。用水面将全园分隔分为东、中、西三部分，各具特色。东部比较开阔，以山水和植物为主；中部是核心部分，重要的建筑多在中部；西部建筑也比较多，著名的三十六鸳鸯馆等精美建筑也在西部。明嘉靖年间，著名书画家文徵明依园中景物绘图三十一幅，赋诗咏叹，并作《王氏拙政园记》（图10-22）。

五 祠堂、会馆——民间建筑艺术的代表

明清时代，官式建筑已经固定化，程式化，甚至已经走向衰落。但是民间建筑却正在蓬蓬勃勃地发展。祠堂和会馆这两类建筑是民间建筑最典型的代表。

祠堂又叫"宗祠""家庙"，是家族祭祀祖宗的建筑。中国人是一个具有强烈的祖先崇拜意识的民族，祭祀祖宗是中国人自古以来的传统。中国古代祭祀祖宗很早就形成了完整的制度，《礼记》中详细规定了宗庙的等级制度："天子七庙，三昭三穆，与大祖之庙而七；诸侯五庙，二昭二穆，与大祖之庙而五；大夫三庙，一昭一穆，与大祖之庙而三。士一庙。庶人祭于寝"（《礼记·王制》）。不过《礼记》中所规定的这种宗庙制度在历史上往往并没有得到真正完整地实施，各时代都有所变通。

在中国古代宗法社会，祠堂是一个家族最重要的地方，家族中的重要事情都必须到祠堂中去进行。族人结婚必须到祠堂去举行婚礼；族人去世必须到祠堂去举行丧礼；家族内部有重要事情，族长在祠堂召集族人共同商讨。所有家族事务都到祠堂里当着祖宗牌位举行，凡事"必告于先祖"。同时也是告诫后人不要忘记根本，所以很多家族祠堂的名称也都具有这种含义，例如"报本堂""敦本堂""叙伦堂"等等。

祠堂还具有教育功能，往往成为地

图10-20 颐和园万寿山、昆明湖

图10-21 颐和园谐趣园

图10-22 苏州拙政园

方上的办学场所。古代私家办学的地方叫"塾",最早的"塾"就是出现在祠堂里。古代祠堂大门两旁有门房,叫作"塾"。大门外两旁的分别叫"门外东塾"和"门外西塾",大门内两旁的分别叫"门内东塾"和"门内西塾"。后来私家办学的"家塾""私塾"就是由此演变而来的(图 10-23)。另外,祠堂的教育功能还体现在惩戒性的教育上。若是家族内出了不肖子孙,族长就在这里召集全体族人,当着大家的面执行"家法",打屁股,以警示告诫其他人。

祠堂是一个家族或姓氏的代表,它体现一个家族或姓氏在地方上的地位、势力、威信和荣誉。因此祠堂建筑就要尽可能豪华壮丽,形成了各家祠堂之间互相攀比的趋势。以致在一些偏远乡村里的祠堂,其建筑之华丽程度都出乎人们的想象。

广州陈家祠

陈家祠在广州市内中山七路,建成于清光绪二十年(1894 年),是当时广东省 72 县陈姓族人合资兴建的祠堂。最初建造目的是广东各地陈姓族人为赴省城赶考的学子和办理其他各种事务的人提供生活便利,因办学的功能比较突出,所以也叫"陈氏书院"。平面布局为三纵三横(纵向三进,横向三路),横向三路之间有走廊分隔,形成六个院落。布局规整,规模巨大,是国内保存规模最大的一座祠堂。建筑造型极富广东特色,墙头、屋脊上大量装饰石湾陶瓷制品,琳琅满目,富丽堂皇。梁枋门窗等处木雕装饰均极其精美。连廊采用铸铁廊柱,以及部分厅堂装饰有彩色玻璃,反映了近代西洋建筑艺术的影响。在装饰豪华程度上陈家祠达到了登峰造极的地步,豪华精美为国内之最(图 10-24)。

会馆是中国封建时代后期出现的一种新的建筑类型,它是商业经济发展的产物。中国古代一直是实行"重农抑商"的政策,鼓励农业,抑

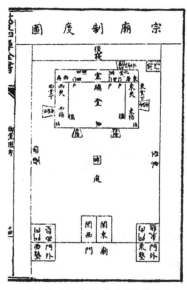

图 10-23 《礼记》中的祠堂图

图 10-24 广州陈家祠

制商业的发展。直到宋朝商业经济才得以兴起，元、明、清继续发展，中国封建社会的最后几个朝代才是真正商业经济发展的黄金时期。而会馆这种建筑的出现正是商业经济发展的结果。会馆是古代商人建造的一种公共建筑，供联谊聚会、商务活动、文化娱乐活动，并为异地流动的商人提供生活方便。据考证会馆的正式出现是在明代中期。明代刘侗、于奕正所著《帝京景物略》卷之四中有《嵩山会馆唐大士像》一文，其中说："尝考会馆之设于都中，古未有也，始嘉隆（明嘉靖、隆庆）间，……用建会馆，士绅是主，凡入出都门者，籍有稽，游有业，困有归也。"到目前为止，尚未见有关会馆更早的记载。刘侗是明朝的进士，所写的又是明朝的事情，其记载当不会有误。

　　会馆分为两类：行业性会馆和地域性会馆。行业性会馆由同行业的商人们集资兴建，例如盐业会馆、布业会馆、钱业会馆等；地域性会馆是由旅居外地的同乡人士共同建造的，例如江西会馆、福建会馆、湖南会馆、山西会馆、广东会馆等。古代凡商业较为发达的地方都会有很多会馆，当然会馆数量最多最集中的要数北京。因为各地的人都要前往京城办事，不论是地方官吏、外地商人还是赶考的学子，大量云集于京城，全国各地的人都在北京建会馆。据清朝学者李虹若所著《朝市丛载》中记载，清朝光绪年间有准确名称和地址的会馆就有 392 所，后来还有的继续在建。各地在京建会馆的数量不均衡，最多的是江西人建的会馆，有 60 多所。这些地域性会馆，就是地域文化的产物。旅居一地的同乡人共同集资建造会馆，提供一个聚会联谊的场所。有的会馆甚至还为同乡提供优惠的食宿便利，地方官员进京、旅行的商人、赶考的学子等都可以在会馆里借住。北京的地方会馆还有专门为赶考的学子建造的会馆，甚至连名称都叫作"××试馆"，例如以前北京就有"天津试馆""遵化试馆""广州试馆"等。以至于清末时很多从事社会活动或政治革命的活动都在北京的这些地方会馆中进行。例如当年康有为就在南海会馆中办杂志，从事戊戌变法的活动；谭嗣同搞变法的时候就住在北京的浏阳会馆中；孙中山联合各派势力组建国民党就在北京虎坊桥的湖广会馆中，这些会馆今天都已经被列为重点文物加以保护。

自贡西秦会馆

　　西秦会馆在四川省自贡市内自流井区解放路，由陕西盐商集资兴建，是一座地域性的同乡会馆，俗称"陕西庙"。会馆内供奉关帝，因而也叫"武圣宫"或"关帝庙"。清乾隆元年（1736 年）开始动工兴建，乾隆十七年（1752 年）建成，历时 16 年。道光七年（1827 年），又进行大规模修葺和扩建，遂成现有规模和格局，共占地 3451 平方米，是目前国内保存最完好、最精美的会馆之一。中轴线上的主体建筑有大门、戏台、前殿、后殿，两侧有厢房，旁院有各种供联谊聚会和生活居住的附属用房。

　　西秦会馆建筑极其精美，大门屋顶造型之奇特和复杂程度为国内罕见，

图 10-25 四川自贡西秦会馆

图 10-26 宁波天后宫（庆安会馆）

戏台以及建筑各部装饰之华丽也是国内少有的。充分体现了商人会馆互相攀比，极尽豪华的特征。其建筑造型之绮丽宏伟，其装饰艺术之华美，都可以说是全国会馆之最（图 10-25）。

会馆建筑的宏伟还有一个原因是因为会馆大多是以庙宇的形式出现的，会馆中都有祭神的殿堂，会馆的名称也多以××庙、××宫相称。行业会馆祭祀行业的祖师爷，例如泥木建筑行业以鲁班为祖师，所以泥木行业的会馆都叫"鲁班殿"；药材行业祭祀药王孙思邈，所以药材行业的会馆多叫"孙祖殿"等。地域会馆也有祭祀，祭祀地域共同的神灵。山西、陕西人敬关公，山陕商人在全国各地建的会馆都是关帝庙；福建人信奉妈祖，福建人在全国各地建的会馆都叫"天后宫"（"天后"即妈祖）等等。民间信仰文化在会馆建筑中也得到充分的体现（图 10-26）。

祠堂和会馆建筑中还有一类特殊的建筑——戏台。中国古代的戏曲最初是由庙里的祭神活动之一的"淫祀"发展而来的，所谓"淫祀"就是演戏给神看，让神高兴，"娱神"。所以最早庙宇中的戏台都是背对大门，面朝正殿，演戏给坐在正殿里的神看。多数地方的祠堂和会馆中都建有戏台，戏台建筑的做法也是和庙宇中的戏台一样，背对大门，面朝正殿（图 10-27）。但是到了明清时期，中国的戏曲文化已经发展得比较完善了，已经脱离了最早的祭祀娱神的原始阶段，变成了一种世俗化了的民间文化娱乐活动。因此祠堂和会馆里的戏台，虽然仍然保留着原来的建筑格局，但是实际上它已经不是以娱神为目的，而是一开始就是为了人的娱乐活动而建造的了。而且祠堂和会馆中的戏台一般都做得非常华丽，雕梁画栋，泥塑彩画五彩缤纷，极尽豪华之能事。

到了近代以后，有的会馆中的戏台完全商业化了，干脆脱离了庙宇戏台建筑的传统做法，不是背靠大门，面对正殿，而是在会馆后面专门建造一栋大建筑，把戏台放在大厅中

图 10-27　开封山陕甘会馆戏台

图 10-28　北京湖广会馆戏台

间，这座建筑就变成了一个完整的戏院，民间叫"戏园子"。原来会馆以祭祀大殿为中心的建筑格局也被改变了，完全世俗化、商业化、娱乐化了。这种以一个大"戏园子"为中心的会馆，最著名的就是北京虎坊桥附近的湖广会馆和天津的广东会馆（图 10-28）。

六　民居建筑的地域特色

民居是中国古代建筑一个非常重要的组成部分。中国民居最重要的特点是各地区各不相同的地域特点。南方北方，东边西边，各省区，甚至同一个省内各地区都有各自不同的民居建筑。在民居建筑中体现出来的地域特征可以表现在很多方面，可以是建筑的平面布局的不同，可以是建筑的造型风格的差异，也可以是所用的建筑材料不一样等等。这些不同特点的产生可能有各方面的原因，有地理气候的原因；有生产生活方式的原因；还有某些特殊的社会历史的原因。它们凝结了数千年中华民族的生存智慧。

民居建筑的地域特色的产生主要有以下几个方面的原因：

（1）地理气候条件的原因

中国地域广袤，东南西北各地的地理气候条件有很大的差异。然而中国古代建筑的地域特征最明显的差异就是南方和北方的差异，这种差异从中国建筑最初起源之时，就已经孕育其中了。中国古代建筑有两个起源，一是北方黄河流域，一是南方长江流域。南北两地的地理气候条件完全不同，北方寒冷干燥，南方炎热潮湿，导致了中国建筑自原始时代的最初起源，就有了南北方的差异。北方地区的先民"穴居野处"；南方地区的先民"构木为巢"。北方建筑的形成是穴居—半穴居—地面建筑，其典型实例是陕西西安半坡遗址（从半穴居到地面建筑发展过程中的实例）。南方建筑的形成过程是巢居—干栏式—地面建筑，其典型实例是浙江余姚河姆渡遗址（7000 年前的最早的干栏式建筑遗址）。北方建筑风格是厚重敦实——"土"的风格，南方建筑的风格是轻巧精致——"木"

的风格。即使后来建筑技术发展，南北两方都是采用同样的建筑材料的情况下，建筑风格上的这种差异仍然明显存在，我们今天看到的北方建筑仍然是"土"的风格——厚重敦实，南方建筑仍然是"木"的风格——轻巧精致。而其他所有各种各样的地方风格，都是以这两大风格体系为基础的。

建筑是需要适应地理气候条件的，例如北方四合院宽阔，是因为北方气候寒冷、干燥，民居要尽可能多吸收日照，而不需要太多考虑防雨；南方民居狭小的天井，是因为南方炎热多雨的气候条件下，民居最需要的是考虑防日照和防雨；西北窑洞民居是因为处在黄土高原极度干旱的地区，几乎不用考虑防潮和防雨的问题；而西南山地的干栏式民居则恰好相反，重点考虑的就是防雨防潮和通风干燥的问题。

（2）社会历史的原因

例如著名的福建、江西等地的土楼就是因为古代大规模移民的历史原因而产生的。古代，中国北方经常发生战争，北方少数民族南下，与中原地区的汉族争夺生存空间。另外还有自然灾害的原因，例如黄河水灾等，致使大量中原汉族人向南方迁移。这一过程是长期的，秦汉时代北方就有匈奴人的侵扰，魏晋南北朝时有"五胡乱华"，宋代北方有辽、金，后来又有元（蒙古），再后来又有满族人的清朝。两千年历史中大量的战争导致大量的人口流动，早先人口稀少的时候还可有较多的生存空间，越往后，生存空间越少。后来的移民就只有去比较偏远的山区，而且还不可避免地受到当地人的排挤，于是他们就不得不建造起这种防御性很强的民居建筑来自我保护。今天福建的圆形土楼已经成为天下闻名的特殊民居建筑形式。

（3）生活方式的原因

特殊的生产和生活方式往往会有特殊的需求，因而也就会产生特殊的建筑形式。例如毡包式民居就是典型，由于草原牧民居无定所，逐水草而居的游牧生活方式，导致了毡包式这种特殊的民居形式。又如朝鲜族保留了古代席地而坐的生活方式，这也造成朝鲜族民居比较低矮的特点。

中国各地的传统民居大体上可分为七种类型：合院式、天井院落式、窑洞式、干栏式、土楼式、碉楼式、毡包式。

（1）合院式民居

即我们常说的三合院、四合院住宅。由几栋独立的建筑围合成庭院，四合院民居是最常见的，主要分布在华北、东北、西北等北方地区，以北京的四合院民居为最典型的代表。北方四合院民居的特点是四周的建筑相互独立，相互之间或以围墙或以连廊相连接，围合的庭院比较宽阔，庭院中可以种树木花草，摆放石桌石凳供人休息活动。山西的四合院喜欢把庭院做成纵向长方形平面，两边的厢房向中间靠拢，把正房的两端遮掉（图 10-29、图 10-30）。

图 10-29　北京四合院

图 10-30　山西四合院

图 10-31　南方天井院

（2）天井院落式民居

　　主要分布在华南、华东、东南、西南部分地区，主要是南方。天井院落从理论上来说也属于四合院，也是四边建筑围合成中间的庭院。但是与北方四合院所不同的是，四面的屋檐相连，屋顶上形成一个朝天的"斗"形，这就是"天井"，这天井实际上就是一个很小的庭院。四面屋顶的水向中间流入天井中，所以民间常把这种"天井"叫作"四水归堂""聚宝盆"。天井是只供采光、通风、排水用的，人一般不能进入天井中去活动。在安徽、江苏、湖南等部分地区，有的把天井住宅做到两层，那天井又小又深，真有点像"井"了（图 10-31）。

（3）窑洞式民居

　　主要分布于西北的黄土高原地区，窑洞式民居实际上是原始时代"穴居"的延续，只是做得比原始时代的洞穴更加精致了。窑洞式民居分为靠山窑和平地窑两种。靠山窑利用现有的山坡斜面，削出一小片崖壁和地坪，然后在崖壁上直接挖进去，做成房间，在崖壁入口处做门窗。平地窑也叫地坑窑，是在平地上挖出数米深的四方形大坑，地坑即变成了一个地下的庭院，然后再在坑的四壁横向挖进窑洞，就像是庭院四周的房屋。西北高原上气候极度干旱，几乎不需要考虑排水和防潮的问题。另外土层深处冬暖夏凉，所以窑洞式民居仍不失为一种很好的居住方式（图 10-32）。

图 10-32　窑洞式民居

图 10-33　干栏式民居（永顺县沙土湖村）

图 10-34　福建土楼永定振成楼

（4）干栏式民居

俗称"吊脚楼"。主要分布于西南地区，云南、广西、贵州、四川、重庆以及湖南西部的湘西，都广泛存在这类民居形式。它是从南方古代先民的"巢居"演变而来的。南方山区潮湿炎热，植物茂盛，满地虫蛇，人们居住要尽可能高架离开地面。干栏式建筑大多是全木结构，木柱、木屋架、木板墙壁、木地板，整个建筑由木材构成。建筑造型为两层，也有少数做三层的，底层木柱支撑架空，可作堆放柴草的杂屋，也可作猪圈牛栏，二楼上住人。干栏式建筑最大的特点有二，一是干燥防潮又凉爽；二是可以有效地利用山地。干栏式建筑可以建在山坡地上，不一定要平地，这一点非常符合于西南地区山地多平地少，土地资源非常宝贵这一现实（图 10-33）。

（5）土楼式民居

主要分布在东南部的福建、广东、江西的部分地区。土楼式民居是古代来自中原地区的移民（被称为"客家人"），为了防御土匪袭扰，自我保护而建造的大规模聚居性住宅建筑，因而其防御性极好。土楼有方形和圆形两种，尤以福建的圆形土楼最为著名。江西和广东的都是方形平面，叫"围屋"。圆形土楼像堡垒，方形土楼有的还在四个角上各升起一个小碉楼。古代移民而来的客家人，为了防御，选择聚居的形式，小的以家族为单位，一个家族或者几个家族合起来建造一座土楼；大的以村落为单位，一个村的人共建一个大土楼，可居住数百户人家。土楼建筑一般外墙用土夯筑，或用砖石砌筑。墙壁下部厚，上部薄，下部厚的地方达 2 米。而且为了防御的需要，下部一二层都不开窗户，因此土楼下部的房间都只能做杂屋，三四层上才开窗，用作住人的正式房间，所有房间朝向土楼内部的一面有走廊相连。小型土楼中央为空坪，供公共活动，大型土楼中央一般建有祠堂等公共建筑（图 10-34）。

（6）碉楼式民居

碉楼式民居也称为藏式民居，分布于西藏以及青海、甘肃、四川、云南等靠近西藏的藏区。如果说土楼式民居是因为防御的需要而产生的，而"碉楼式"反而不是因为防御的需要，仅仅是因为其造型像碉堡，上部小下部大的梯形体块，厚厚的墙壁，小小的窗洞，平屋顶，这种造型完全是因为气候条件的原因而产生的。青藏高原海拔高，温差大，气候条件复杂，因此居住建筑要尽可能使室内空气与外界隔绝，使外界气温变化的时候对室内影响较少。而这种使室内外空气相对隔绝的建筑就需要厚墙壁、厚屋顶、小窗洞，这就是碉楼式建筑的造型。碉楼式民居的墙壁一般用土夯筑，或用土和石块混合垒筑，墙壁下部很厚，有时甚至厚达1米左右，往上逐渐减薄。平屋顶做法是先在墙顶上密密地平铺原木大梁，木梁上平铺厚厚的茅草，茅草上再铺盖黏土拍实，就像

图 10-35　藏族碉楼式民居

图 10-36　毡包式民居（李雨薇）

一层厚厚的棉被，有时为了防风吹再压上砖头石块。这种建筑能有效地适应高原地区特殊气候条件的生活需要（图 10-35）。

（7）毡包式民居

毡包式民居俗称"蒙古包"，主要分布于内蒙古、新疆以及东北的广大草原牧区。一般人可能认为毡包式只能算是一种临时性居住设施，不能算建筑，这种说法也有道理。但是，如果把它作为一种居住方式来看，其分布地域之广，使用人口之多，不能不说它是一种很重要的民居形式。毡包式民居最大特点当然就是它的可拆卸，便于搬迁移动，最好地适应了游牧民族特殊的生产和生活方式的需要（图 10-36）。

总之，中国各地的传统民居在千百年的历史长河中，适应各种地理气候条件，适应各种特殊的生活方式和特殊的生活条件，创造出了千姿百态的建筑形式，成为中华民族文明史上的瑰宝，也是中国古代建筑史上最丰富多彩的一页。

下篇

中国近现代建筑简史

第十一章　近代建筑史的分期

一　近代建筑史的分期

　　1840年鸦片战争爆发，是中国历史大转折的标志。中国这个曾经辉煌的文明古国，在经历了数千年领先于世界的发展之后开始衰落，被由工业文明武装起来的西方帝国的炮舰轰开了大门。签订了一系列不平等条约，丧权辱国，西洋文化随之大举传入中国，让长期闭关锁国的中国看到了一个完全不同的世界、一种完全不同的文化，同时也让中国人痛切地感到了自己的落后，并下决心向西方学习。但学习的范围是有限的，主要限于技术的领域，所谓"师夷之长技"。而对其他领域如政治体制、经济体制、思想文化等方面则绝不学习西方，即所谓"中体西用"。

　　在建筑领域，近代的变化是根本性的、颠覆性的变化。不仅仅是新的建筑类型出现、外来建筑风格式样的出现，更重要的是建筑学作为一个学科的出现，改变了数千年以来中国工匠式的营建方式。然而建筑的历史不能完全与社会政治和经济的发展史等同，因为建筑是一个各类文化的综合体，其变化过程相对较缓慢，变化的时间也相对延续较长。所以在社会政治经济方面的历史我们以1840年为界线来划分古代和近代，但是在建筑的历史上不能这样简单来划分。

　　从建筑史的角度来看，划分古代和近代的界限应该还是以清朝灭亡和民国建立为分界线。从政治经济的角度看，1840年鸦片战争后中国进入半殖民地半封建社会，政治和社会形态变化是明显的。但是从建筑来看，1840年前后在建筑上没有明显的变化。如果说西洋建筑的传入，1840年以前就已经有了，1840年以后也并没有数量突然增加的明显过程。1840年以后中国人仍然还是一如既往地建造中国传统式样的建筑。只是《南京条约》签订以后，中国开始开放一些口岸城市，在这些城市里设立了外国的租界或租借地。在这些租界和租借地里外国人开始了系统的建筑和市政工程建设；洋务运动开始后，在一些地方开始开设工厂；19世纪末西方各国在中国争夺路权，开始兴建铁路，有了铁路就要建车站等相应建筑。这些都在一定程度上导致新建筑的出现，但是这些有限的城市租界、数量很少的工厂、有限的铁路车站等在整个中国的国土上只是一些在地图上几乎看不到的小点，与整个中国数量庞大的建筑相比，只是一个微乎其微的数字。

　　真正大规模变化还是出现在1911年辛亥革命以后。清朝灭亡，民国建立，办公楼、银行、工厂、医院、学校等西式的或新式的建筑大量出现。虽然在民间一些祠堂庙宇和民居建筑上，人们往往还会建造传统式样的建筑，但是在城市的公共建筑和工业、民用等建筑上，人们一般不会再用传统建筑式样。至少在政府层面上，过去清朝各级地方政府的衙署建筑都是中国传统的建筑，而革命以后的地方政府一般不再建古代衙署式的建筑，而是建造新式的办公楼了。此外，新式的银行不再是古代的钱庄；新式的商店不再是古代的店铺；新式的学校不再是古代的书院、乡校；城市住宅也出现了公馆、公寓等。这种变化应该是彻底的，革命性的。

二　西洋文化传入

中国的近代化过程以及西洋建筑的传入，是伴随着一段耻辱的历史开始的。但是西洋建筑最早传入中国并不是随着帝国主义的炮舰而来的，而应该说是一种平等的文化交流——即北京皇家园林圆明园中的一批西洋风格的建筑，以及一些最早进入中国各地的传教士们建造的教堂。

圆明园中的西洋建筑是清朝初期帝王们文化艺术猎奇的产物。当时清朝宫廷里有一位意大利画家郎世宁，他本来是一位传教士，画得一手好油画，因西洋油画的写实手法与传统的中国画大不一样，画得很逼真。于是乾隆皇帝把他留在宫中长期居住作画，为帝后们绘制肖像。郎世宁同时也精通西洋建筑，给乾隆皇帝设计了一批西洋建筑，供皇帝玩乐。这些中国人从未见过的西洋建筑当然获得了皇帝的欢心，尤其是利用机械动力驱动的喷泉水池（当时被称为"水法"），为中国人见所未见，闻所未闻，更是为帝后们所喜爱。

图 11-1　圆明园西洋建筑
（柳丝雨摄）

从圆明园被毁后当时的一些照片、今天圆明园遗址所留存下的残破的建筑构件，以及今天仍保存着的当时绘制的圆明园西洋建筑铜版画来看，这批西洋建筑是属于意大利文艺复兴后期的巴洛克建筑风格（图11-1）。其中远瀛观的大水法（喷泉）水池两旁半圆形环绕立着12尊铜质十二生肖，每座生肖铜像是一个喷水口，十二生肖按照不同的时辰轮流喷水，设计之精巧让人叹为观止。

1840年鸦片战争后，中国闭关锁国的状态被打破。1842年《中英南京条约》签订，中国被迫开放通商口岸。最初是在东南沿海的上海、广州、厦门、福州、宁波等五座城市，即所谓"五口通商"。此后又有其他的条约，或者中国逐步走向开放后自己主动开埠，通过条约开埠的叫"约开口岸"，自己主动开埠的叫"自开口岸"。开放口岸开始是在东南沿海，后来就是沿长江向内地发展，凡是船只能够到达的大中型城市。

到1924年为止，"约开口岸"和"自开口岸"合起来中国已经有了112个开放口岸的城市。在这些开放口岸的城市里，有的建立了租界或租借地，有的开辟了"外国人居留地"。租界和租借地由外国人行使管理权，"外国人居留地"是中国政府行使管理权。在这些地方开始出现领事馆、洋行、银行、邮局、商店、洋式住宅等西洋建筑。不仅建筑，电影、演艺、娱乐、酒吧，以及电梯、抽水马桶等建筑设施和生活方式的方方面面也逐渐进入中国的城市甚至家庭生活。

另一方面，由于西方先进技术的引入，特别是鸦片战争之后，中国人看到了西方的"船坚炮利"，一些有识之士开始了积极地学习。最著名的就是洋务运动。所谓"洋务运动"，简单说就是一场学习西方科学技术的运动，只学技术，不学别的。洋务运动的实干家首先就是湘军领袖曾国藩，后来跟着有左宗棠、李鸿章、张之洞、盛宣怀等。

三　洋务运动与西洋建筑的流行

洋务运动的实践，具体来说就是开矿山、办工厂、修铁路、办新式学校、派留学生出国学习等。这些新的事业必然带来新的建筑类型。

在工业和交通运输方面，洋务运动中创办起来一批工业企业，首先是为军事服务的，再扩大到民用工业，例如安庆军械所、江南制造总局、福州船政局、汉阳铁厂等等。洋务运动中中国开始发展铁路，1876年中国出现了第一条铁路，英国人修的吴淞铁路。1881年中国人开始自己修建第一条铁路——唐胥铁路（唐山至胥各庄）。到1911年清朝被推翻的时候，中国共建起了9500公里的铁路。在铁路沿线相应地建造了一批车站和铁路附属用房，这也是过去没有过的新建筑类型。

在医疗和教育上，西方传入的西医与传统的中医完全不同。鸦片战争之前的1835年广州出现了第一家西医医院——博济医院（今中山大学孙逸仙纪念医院），西医开始进入中国。洋务运动中，西医医院有所发展，但总的来说发展缓慢。1911 年前后随着教学和医疗相结合的医学院出现后，西医才开始在中国大地上普及发展。1907 年德国医师宝隆博士在上海创建的德文医学堂（后来发展为同济医学院）；1910 年英、美、加三国的基督教会在四川成都创办华西协和大学，1914 年开设医学院；1914 年由湖南育群学会与美国耶鲁大学雅礼协会联合创办的长沙湘雅医学专门学校（这是中国第一所中外合办的医学院）；1917 年由美国洛克菲勒基金会捐资创办的北京协和医学院。这些医学院的创办才使得西医医院在中国各地开始普及，于是医院作为一种新的建筑类型，也开始大发展。

西方文化的传入，最重要的途径是教育。中国近代新式教育的产生是循着几条不同的途径开始的。一条途径是西方教会和传教士在传教的过程中，创办了一些学校，人们称之为"教会学校"。另一条途径是中国各地的传统学校主动接受新思想新文化，改革教育，把古代的学宫、书院等改为新式学堂。还有的就是中国人自己直接创办新式学堂。大学的创办也是近代教育发展的一件大事。1895 年在天津创办的北洋西学学堂，后改名北洋大学堂，再改名北洋大学（今天津大学），这是中国近代第一所现代大学。1898 在北京创办的京师大学堂，是清朝政府创办的，这是中国第一所国立大学，1912 年改名为北京大学。另外 1909 年清政府成立了游美学务处，选派学生留美，1910 年成立清华学堂，这就是后来的清华大学。近现代学校的创办，其教学内容主要是西方传入的自然科学和社会科学，因此学校建筑也大多是西洋风格的建筑（图 11-2）。

图 11-2　清华大学校门

其他的建筑类型，例如办公楼，在清末新政和辛亥革命前后开始实行宪政，各地出现议会，或咨议局等类似机构，这类机构的办公楼一般都是西洋式建筑。商业方面洋行、银行、商号等也都是采用西洋式建筑。住宅建筑首先在上流社会中开始流行西洋式别墅，例如李鸿章、盛宣怀等人的私宅，都采用了西洋风格（图 11-3）。

中国近代建筑还有一个很大的发

图 11-3　上海李鸿章宅"丁香花园"

图 11-4　民间西洋式建筑
（贵州天柱县刘氏宗祠）

展和变化就是建筑的产业化。中国古代传统的建筑业是师傅带徒弟的生产方式，手工操作，一个师傅带着一帮人，用斧头、锯子等手工工具就可以把房子建造起来。而进入近代以后，混凝土、砖块等主要建筑材料是靠工业生产；建筑工程也是由专业技术人员和有专业技能的工人组成的建筑工程公司或者叫"营造厂"来完成。这说明中国近代建筑不只是在建筑造型风格上全面接受了西洋建筑的形式，出现了大量新的建筑类型，还在建筑的生产方式上出现了根本性的变革。

中国近代建筑的变化首先表现在国家层面上，思想文化的变化、经济发展、城市建设等大环境下所表现出来的西方文化的影响。另一方面，在民间建筑中也表现出对于西方文化的接受，而且这种接受并不是在政治、经济等因素的压迫下的被动的接受，而是自发的、主动的、有目的的接受。

这里所说的"民间建筑"主要指民居住宅和老百姓祭祖宗的家族祠堂等民间常用的建筑类型，尤其是在广大乡村地区。在中国近代史上，很多乡村地区出现了西洋风格的建筑。这些建筑既不是政治上的需要，例如办公楼之类；也不是一般社会性的公共设施，例如图书馆、博物馆之类；更不是出于经济目的的建筑，例如工厂、银行等，纯粹都是一般生活或信仰习俗之类的建筑，即民居、祠堂等。应该说都是和西洋文化毫无关系的建筑类型，成为中国近代建筑领域一个不可忽视的文化现象。

这类民间建筑中出现的西洋式建筑风格，只能说是民间对于西洋文化和西洋建筑艺术的一种主动接受。而且这些建筑很多情况下并不是出现在广州、上海等这些沿海开放的城市或周边农村地区，很多甚至出现在湖南、贵州等内地偏远的农村地区。这类建筑的主要特点是仅仅从外观上模仿西洋建筑的宏伟气派。例如一些民间的祠堂，采用砖石等厚重的建筑材料，高大的体量，大量雕塑装饰，外立面豪华，气势宏大，建筑风格上常常模仿西方巴洛克建筑的艺术风格。还有一些在外留过学，或者是做官、经商在外面见过世面的人，回家建造自己的住宅的时候也模仿西洋建筑式样（图 11-4）。

第十二章　建筑学的兴起

一　中国建筑师走上历史舞台

中国古代没有形成一个独立的建筑学科，也没有学校教授建筑类课程，也没有专门从事建筑设计的建筑师。近现代意义上的建筑工程（包括设计和施工及其过程的管理等），是从国外传入的。所以近代中国建筑界早期基本上全部被外国人把持，特别是建筑设计，有记录的中国建筑师开设的建筑事务所，最早开始于 20 世纪 20 年代初。在此之前，中国城市的正规建筑设计全部由外国建筑师和建筑事务所垄断。

因为中国古代没有正规的建筑学教育，早期的中国建筑师都是从国外留学归来的。20 世纪初部分出国学习建筑学的留学生陆续学成回国，这些年轻学子刚刚回来的时候，一般还不具备自己独立从事设计的能力，往往都是先在外国建筑师开设的建筑事务所中工作。等到工作了一段时间，积累了一定的经验以后，就逐渐开始独立出来从事建筑设计了。目前能找到记录的早期中国人开设建筑事务所，开展建筑设计业务的有：1920 年关颂声创办的天津"基泰工程司"；1921 年由吕彦直、过养默、黄锡霖合作创办的上海"东南建筑公司"；1922 年由柳士英、刘敦桢、朱士奎、王克生合作创办的上海"华海公司建筑部"，舒震东、龚积成、赵际昌合作创办的"华东同济工程事务所"；1925 年由庄俊创办的"庄俊建筑师事务所"等。另外，1925 年吕彦直在中山陵设计竞标中一举夺魁，为此他又专门成立了"彦记建筑事务所"（参见潘谷西主编《中国建筑史》P394）。

中国建筑师开设事务所，独立承担建筑设计业务，并和外国建筑师和事务所争夺设计业务，这是中国的建筑学开始兴起的一个重要标志。但是更重要的一点是建筑教育，当建筑学在高等学校里作为一个专业学科而存在，高等学校开始教授建筑学课程的时候，这才能算是建筑学的正式兴起。

二　中国建筑教育的开端

中国古代没有在学校里教授的建筑学课程，学校里也没有建筑学专业。建筑专业知识的教育方式是师徒相承的口头传授，建造施工是师傅带徒弟的手工操作。作为一个学科的建筑学是伴随着近代西洋文化而从国外传入的。

1923年，曾经留学日本东京高等工业学校建筑科的柳士英，带领他在日本留学回国的几个同学朱士奎、黄祖淼、刘敦桢等，在苏州工业专门学校创办了一个建筑科，柳士英任科主任。这是中国历史上第一个在正规学校里创办的建筑学专业，开了中国高等建筑教育的先河。此后，1927年南京国立第四中山大学（1928年改名为"中央大学"）成立建筑系，刘福泰担任主任。教师有刘敦桢、杨廷宝、童寯等。这是中国第一个正规的大学建筑系，并且把之前苏州工专建筑科合并了进去。1928年梁思成、林徽因回国，受东北大学校长张学良之邀请，在东北大学成立了建筑系，梁思成任系主任。同年，北平艺术专科学校也成立了建筑系，汪申担任主任。1929年刘敦桢先生在湖南大学土木系中创建了一个建筑组。这是目前所知20世纪20年代在中国创办的建筑学科。30年代到40年代又陆续有广东勷勤大学、天津工商学院、重庆大学、杭州之江大学、北京大学工学院、上海圣约翰大学、清华大学、唐山工学院、湖南克强学院等学校相继成立建筑系。

回顾中国建筑学科的兴起，本来应该是伴随着向西方学习的洋务运动一同开始的。洋务运动以后，开始在科学技术上学习西方，各种学校和各类学科教育也随之开始。1902年清朝政府制定了《钦定学堂章程》，在工艺学科门类中就将土木工学和建筑学两类分别同时列入，后来的几次修改学制中也都同时有土木工学和建筑学两类。但是在实际实施中，土木工学很早就开始了，但是建筑学的教育却迟迟没有实施推行。对比日本，在近代中日两国基本上是同时开始学习西方，但是在建筑学方面中国却比日本晚了很多。1870年英国建筑师康德尔在日本东京帝国大学里创办了日本第一个造家学科（建筑学科），到1923年柳士英在苏州工专创办建筑科，比日本晚了53年。分析其原因，应该和当时洋务运动"师夷之长技"的主导思想有关。这一思想认为我们学习西方主要就是学他们的科学技术，至于思想文化、政治制度等方面还是我们自己的好。所谓"中体西用"，即本体的思想文化是中国的，物质性的实用技术学西方的。这也就是为什么土木学科早早就开始了，而建筑学科却迟迟未动的原因。因为土木学科是纯技术性的，而建筑学则带有思想的、艺术的、文化的因素。

随着建筑学科在中国的兴起，中国建筑师走上历史舞台，并有能力打破外国建筑师一统天下，和外国建筑师平等竞争；中国人自己开办高等院校的建筑学科教育，培养自己的建筑学人才。再进一步发展就是中国人自己开始了建筑学的学术研究，尤其是对于中国自己的建筑——古代建筑的研究。

三 建筑学术研究的兴起

与前述建筑设计和建筑教育一样，建筑学的学术研究，甚至对于中国古代建筑的研究，最初也都是外国人在做。最早研究中国建筑的是西方人，18 世纪，一位英国工程师威廉·钱伯斯（William Chambers，1723-1796）对中国建筑进行了一些考察和测绘，写出了一部《中国建筑、家具、服饰、机械和生活用具的设计》（*Deigns of Chinese Buildings, Furniture, Dresses, Machines, and Utensils*）的书，1757 年在伦敦出版，向西方介绍了中国建筑。另一位研究中国建筑的是德国建筑师恩斯特·柏石曼（Ernst Boerschmann，1873-1949），他在 1906 ~ 1909 年间对中国各地进行了大量的考察，拍摄了大量珍贵的照片结集出版。多数他拍摄的建筑今天都已经不存在，所以尤显照片的珍贵。除上述两位以外，还有一些外国人从艺术、宗教等方面考察过中国建筑。

比西方人稍晚一点的是日本人对中国建筑的考察和研究，主要有两位建筑学家伊东忠太和关野贞，另外有佛教学者常盘大定对寺院建筑，以及还有人从艺术、考古等方面的考察研究。其中最重要的是伊东忠太的考察和研究。伊东忠太是日本早期最重要的建筑史学家，其研究领域主要是日本建筑、中国建筑和东洋建筑（亚洲建筑）。他从 1901 年开始到 20 世纪 30 年代，对中国建筑进行过前后 9 次考察，足迹遍布 20 多个省区，并对北京紫禁城进行了实地测绘。整理出大量第一手资料，并在此基础上撰写了《支那建筑史》，1931 年在日本出版。1937 年改名《中国建筑史》（上部）由中国商务印书馆翻译出版。可惜这部书只写到魏晋南北朝为止，由于种种原因，没有最后完成。然而伊东忠太所写的恰好是最困难的部分，因为中国木结构建筑实物保存下来最早的是唐代的，唐以前的没有实物，只能依靠历史文献和考古资料来分析研究。而且当时伊东忠太靠一己之力，考察的地方毕竟有限，五台山中的南禅寺、佛光寺他没有考察到，所以他断言中国国内已经没有唐代建筑了，只有日本还保留有唐代建筑。也正是他这句话刺激了青年梁思成，促使他后来下决心要找到中国的唐代建筑。

早期西方人和日本人研究中国建筑的时候，中国的建筑学科尚未开始，最早的一批建筑学留学生在 20 世纪 20 年代前后才陆续学成回国，而且刚刚学成的青年学生还没有具备独立从事科学研究的能力。这期间也有一位叫乐嘉藻的中国人写了一本《中国建筑史》，但是这位乐嘉藻先生并不懂建筑，只是凭着自己的兴趣爱好写了这样一本书。书的编写体例混乱，书中关于建筑的知识凌乱而且错误百出，总之这完全不能够叫作"中国建筑史"。所以梁思成先生为此还专门写了一篇文章"读乐嘉藻《中国建筑史》辟谬"，对这本书予以毫不客气的批判。

中国建筑学界开始对中国建筑进行研究，应该归功于一个人——朱启钤。他是北洋政府的一位高官，曾先后担任过交通部长和内务部长，并曾经一度当过代理国务总理。他对传统文化艺术，包括建筑和手工艺均有较深的爱好和研究。他撰写过专门介绍中国古代著名工匠的《哲匠录》；也是他发现了尘封百年的《营造法式》，并把它影印公之于世，供后来人研究。他最重要的贡献是自己个人出资成立了一个建筑学术研究机构——中国营造学社，从此开始，中国人对中国建筑和中国建筑史的研究才正式走上正轨。

中国营造学社于 1930 年正式成立，这是中国历史上第一个建筑学术研究机构，而且是民间性质的。由朱启钤先生个人出资成立，朱先生自任社长，学社下设法式部和文献部，聘请了梁思成担任法式部主任，刘敦桢担任文献部主任。学社成立以后以梁思成、刘敦桢为首，组织了一批人开始了对中国古建筑进行调查研究，同时也开始了对建筑历史的理论研究。除梁思成、刘敦桢以外，中国营造学社的成员还有林徽因、单士元、邵力工、莫宗江、陈明达、刘致平等，后来又有卢绳、王世襄、罗哲文等人加入。

学社首先是对北京及周边地区，然后对河北、山西等地的古建筑进行实地测绘、摄影等调查工作，收集了大量宝贵的第一手资料，直到今天的中国建筑史研究中还常常要用到他们当年的调查资料。1937 年，抗日战争全面爆发，营造学社的研究工作被打断。学社成员跟随着中央研究院、清华北大等学术机构开始了大流亡。先是迁到云南昆明，再迁到四川宜宾的李庄，在大流亡的艰苦环境中，营造学社坚持研究，对云南、四川等西南地区的古建筑进行了调查，又收集了大量宝贵的资料，对西南地区建筑的研究奠定了基础。也就是在这段时间中，在这种艰难困苦的条件下，1942 ～ 1944 年间梁思成先生完成了《中国建筑史》的编撰写作，这是由中国人自己编写的第一部真正的《中国建筑史》(之前乐嘉藻的《中国建筑史》不能算是真正的中国建筑史)。另外，与梁思成一道从事建筑史和古建筑研究的刘敦桢，也是以这期间的大量调查研究所积累的资料，为他后来对中国建筑史学界产生了巨大影响的著作《中国古代建筑史》的编写，奠定了基础。

中国营造学社在抗日战争的艰苦条件下，经费来源极其困难，苦苦支撑到 1945 年抗战胜利的时候，经费来源已经枯竭，学社不能继续维持。梁思成到清华大学创办建筑系，刘敦桢到南京中央大学建筑系任教，学社的最后几位成员刘致平、莫宗江、罗哲文也跟随梁思成到了清华大学建筑系。中国营造学社在为中国建筑历史研究做出了划时代的巨大贡献之后，最终结束了它的历史使命。

第十三章　新思潮和新风格(20世纪初～20世纪40年代)

一　西洋古典风格和折中主义

　　西方建筑传入中国的年代，在西方本身也是古典主义学院派占主导地位的年代。这时期从西方来到东方（中国、日本、印度等）从事建筑设计事务的建筑师，也基本上都是从古典主义学院里培养出来的。所以来到东方国家所做的建筑设计也基本上都是古典主义风格的建筑。而这时期，东方国家到西方留学学建筑的，所受的教育也基本上都是古典主义学院派的教育。甚至连中国学生留学日本学建筑，所学的也都是西洋古典主义。

　　但是随着时代的发展变迁，建筑艺术也在发展变化，西方19世纪下半叶到20世纪初也正是一个变化中的时代。即使是古典主义学院派也不是完全一成不变的纯粹古典主义，而是有了一定的变化，加入了一些别的艺术成分，这就是折中主义。所谓折中主义，就是把各种不同时代不同风格的建筑元素糅合在一起，建成一种新的风格，新的式样。但又不同于现代建筑的全新创作，或多或少的留着古典的特征。

　　在西洋文化和西洋建筑传入中国的早期，不论是西方建筑师设计的建筑，还是中国学习建筑的留学生回国所设计的建筑，都是西洋古典主义的建筑风格。其设计手法大多是三段式的构图；古典柱式的门廊；上部或者是三角形山花，或者是平顶下面带希腊式檐口；带有券心石的拱券形门窗等，这些都是典型的古典主义建筑手法。同时，折中主义的手法也是常用的，甚至比纯粹的古典主义更多。

　　最早一批从国外留学回国的建筑师，不论他们后来的设计思想倾向如何，在开始从事建筑设计的时候，都是采用古典主义或者折中主义的式样和风格。因为他们在学校里学的都是古典主义的设计。回国之初，刚开始从事建筑设计的时候，只能是试探性地运用读书时所学的知识。等到从事了一段时间的实践，积累了一定的经验以后，就开始向自己所向往的设计思想和风格转变、发展了。例如梁思成、杨廷宝等人的设计，留学回国之初，年轻的时候所做的设计都是模仿西洋古典或折中主义的手法。随着设计实践经验的积累，才开始做真正创造性的设计。或者是根据时代的要求，例如20世纪20至30年代的民族形式复兴；或者是按照自己的思想和审美取向，例如20世纪30年代以后的现代风格。第一个开创建筑教育的柳士英先生，在日本留学的时候，就和当时激进的日本大学生一起，接受了刚刚传入日本的西方早期现代主义建筑思潮的影响。但是回国后的相当一段时间，从 20 世纪 20 年代初到 30 年代中期，所做的设计都是古典主义和折中主义风格的建筑。例如芜湖中国银行（1926 年）、上海大厦大学（1934 年）等，都是古典主义和折中主义的作品（图 13-1），20 世纪 30 年代中期以后就开始转向现代主义风格了。

图 13-1　上海大厦大学集贤堂

　　值得注意的是外国建筑师在中国做设计的时候，有的采用了中国建筑的式样，模仿中国宫殿式建筑的飞檐翘角、琉璃瓦、斗栱等造型。这类建筑也属于折中主义，是把中国传统式样和西洋古典或现代风格相融合的折中。这一类洋人做的中式建筑和后来 20 世纪 20 至 30 年代出现的由民国政府主导的中国民族形式复兴的性质不同，时间上也比后来的民族形式复兴要早，应把二者区别开来。例如 1894 年建造的上海圣约翰大学、1905 年建造的成都华西协和大学、广州岭南大学（1904 年建成）、山东齐鲁大学（1911 年建成）、长沙湘雅医学院（1915 年）等，都属于这类。这类建筑都是由外国人设计并出资建造，而且基本上都是由教会兴办的，却主动选择了中国传统的建筑式样，主要是考虑到中国人的心理上的接受。有些地方的基督教的教堂也建成了中国传统建筑式样，也都是这个原因（图 13-2）。

图 13-2　长沙湘雅医学院（老照片）

二　中国传统复兴

随着西方文化的大规模传入，中国传统文化大有被淹没取代之势，于是当时的中国政府和知识分子都深感有必要通过某种方式来提倡和复兴中国传统文化。建筑作为一种文化，当然也在关注之列，而且作为一种物质形态的城市形象和人们的生活环境，建筑是一种最直观的文化形象，因而政府给予了特别的关注。最著名的就是南京中山陵的建设以及民国政府制定的首都南京城规划——《首都计划》和《大上海都市计划》。

事实上，在西洋文化大举进入中国的同时，中国人的民族文化心理也在知识分子中自觉复苏，国民党在文化政策上也是具有强烈的民族主义倾向的。在建筑领域中，最重要最具标志性的一件事就是 1925 年的南京中山陵设计。

南京中山陵

孙中山先生逝世以后，丧事筹备委员会决定以悬赏招标的方式，公开征集中山陵建筑设计方案。1925 年制定了《陵墓悬奖征求图案条例》，公开向全世界征集设计方案，这也是中国历史上第一次采用公开招标的方式征集国家重要纪念建筑的设计方案。在《陵墓悬奖征求图案条例》中就明确规定了祭堂的建筑风格必须为"中国古式"，或者"根据中国建筑精神特创新格"。为公平起见，评委中有中国人也有外国人，有建筑师，也有画家、雕塑家。最终在征集到的 40 余份设计方案中，遴选出第 1、2、3 名各一名，另有名誉奖 6 名。前三名全是中国建筑师，大奖吕彦直；二奖范文照；三奖杨锡宗。后面 6 名名誉奖获得者中 5 个外国人，一个中国人。这也可以看出，在理解中国建筑的文化精神方面，中国建筑师比外国建筑师还是略胜一筹。当明确要求中国本土建筑风格的时候，中国本土建筑师的优势就显现出来了。

在南京中山陵设计竞标中，第一名大奖获得者吕彦直的设计方案得到了评委们的一致好评。他设计的中山陵，总平面布局为一口钟的形状，寓意中山先生"革命尚未成功，同志仍需努力"的遗言有如警钟长鸣（图 13-3）。祭堂主体建筑采用中国传统的歇山式屋顶，上覆蓝色琉璃瓦，斗栱和拱券门洞等均为典型的中国建筑符号。屋身采用四角粗大的方形柱墩的造型，线条简洁朴素，具有明显的现代感，同时又有中国古代"阙"的意象。雄伟庄重而又简洁大方，成为中国近代建筑史上一件经典作品（图 13-4）。由此，

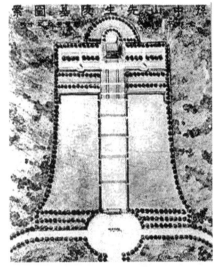

图 13-3　南京中山陵平面图

图 13-4　南京中山陵祭堂

吕彦直被聘请为中山陵总建筑师，负责全部建筑设计和施工。

中山陵总体占地面积 8 万多平方米，主体建筑从主入口牌坊博爱坊进入，然后是中轴线上长长的石台阶，沿中轴线依次为陵门、石碑亭、祭堂和墓室等，极好地利用了地形关系，形成一条极其宏伟壮观的序列空间。除上述主体建筑外，在其周围另有音乐台、光华亭、流徽榭、仰止亭、藏经楼等辅助建筑，呈众星拱月之势，更加突出了中心部位主体建筑的气势。

广州中山纪念堂

在南京中山陵设计方案竞标之后不久，1928 年广州筹建中山纪念堂，吕彦直再次夺标，承担了设计中山纪念堂的任务。1928 年底完成设计，1929 年 1 月动工，1931 年 10 月建成。这是国内第一座有着中国传统风格造型，同时又有着大跨度内部空间的建筑。

建筑采用中国传统的宫殿式风格与近代西洋建筑平面设计手法结合。总建筑面积 3700 平方米，高 49 米。外观造型四面各有一个重檐歇山抱厦，围绕中央一个八角攒尖式巨大屋顶。内部是一个近似圆形的大会堂，采用钢桁架结构做出大跨度空间，直径达 71 米，上下两层，共有座位4700 多个。是一个传统造型与现代建筑技术相结合的典型作品（图 13-5）。

由于操劳过度，1929 年 3 月 18 日，年仅 36 岁的吕彦直因肝癌不幸逝世，倾注着他的心血的中山陵工程尚未告成，广州中山纪念堂工程更是刚刚开始。为了表彰吕彦直为建造中山陵所作出的杰出贡献，陵园管理委员会决定为吕彦直建纪念碑，并请捷克雕刻家高琪为吕彦直雕刻了半身遗像，这也是中国历史上第一次由国家表彰一位建筑师。

南京《首都计划》

1927 年（民国 16 年）国民政府定都南京后，制定了一个旨在对南京城进行大规模改造的总体规划，即《首都计划》。这是民国时期最重要的一部城市规划，也是中国最早的现代城市规划之一。为此规划，南京政府专门成立了南京国都设计技术专员办事处，由林逸民任处长，主要负责管理。聘请了美国著名建筑师亨利·墨菲（Henry Killam Murphy）古力治（Ernest P. Goodrich）作为顾问。《首都计划》中明确规定了城市中心区的重要建筑，包括政府办公建筑、公共建筑以及重要的商业建筑，都要采用中国风格的建筑。"要以采用中国固有之形式为最宜，而公署及公共建筑物尤当尽量采用。"

对于为什么要采用"中国固有之形式"，《首都计划》的解释是"一国必有一国之文化，中国为世界最古国

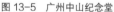
图 13-5　广州中山纪念堂

南京国民党党史陈列馆（马加奇摄）

南京原国民大会堂

南京中央博物院

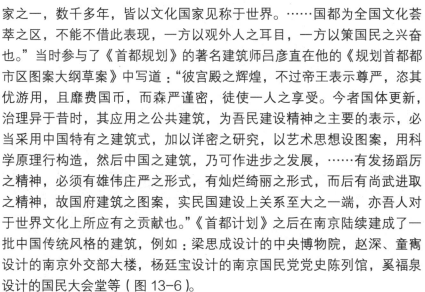

南京原国民政府外交部大楼

图 13-6　在南京建成的中国
传统风格建筑组图

家之一，数千多年，皆以文化国家见称于世界。……国都为全国文化荟
萃之区，不能不借此表现，一方以观外人之耳目，一方以策国民之兴奋
也。"当时参与了《首都规划》的著名建筑师吕彦直在他的《规划首都都
市区图案大纲草案》中写道："彼宫殿之辉煌，不过帝王表示尊严，恣其
优游用，且靡费国币，而森严谨密，徒使一人之享受。今者国体更新，
治理异于昔时，其应用之公共建筑，为吾民建设精神之主要的表示，必
当采用中国特有之建筑式，加以详密之研究，以艺术思想设图案，用科
学原理行构造，然后中国之建筑，乃可作进步之发展，……有发扬蹈厉
之精神，必须有雄伟庄严之形式，有灿烂绮丽之形式，而后有尚武进取
之精神，故国府建筑之图案，实民国建设上关系至大之一端，亦吾人对
于世界文化上所应有之贡献也。"《首都计划》之后在南京陆续建成了一
批中国传统风格的建筑，例如：梁思成设计的中央博物院，赵深、童寯
设计的南京外交部大楼，杨廷宝设计的南京国民党党史陈列馆，奚福泉
设计的国民大会堂等（图 13-6）。

"大上海计划"

1927年国民政府把上海设为特别市，1929年上海特别市政府制定了《上海市中心区域规划》（又称"大上海计划"）。其中最主要的内容是，把原上海市东北郊的江湾地区（今江湾五角场）划定为新的上海市中心区，将上海市政府及相关重要的公共建筑迁移至新的中心区。新规划的中心区总平面呈"中"字形布局，规整的中轴对称，以新市政府大厦为中心，周围分布有政府各局办公楼，及运动场、图书馆、博物馆、市医院、国立音专、广播电台等建筑（图13-7）。1929年制定规划，1930年即开始动工，中间虽然经历了1932年日本侵略上海的淞沪战争，但是短暂停工后又继续建设，直到1937年抗日战争全面爆发，上海城市新区建设才完全停止。1937年之前，上海中心区已经建成了一批重要建筑，而且又是一批中国传统风格的建筑。

1929年上海新市区又是以公开悬赏的方法征集新市政府大楼的设计方案，董大酉的设计方案夺标。新市政府大楼主体为中国宫殿式歇山顶和庑殿顶组合造型，气势宏伟，内部装饰也是以中国风格为主（图13-8）。紧接着分别立于市府大楼中轴线两边的上海图书馆和上海博物馆也都由董大酉的中国风格的设计中标。1933年开始建设的上海体育场（今江湾体育场）也由董大酉设计，这座建筑立面整体上采用了现代手法，檐口装饰和门洞等处采用中国建筑的符号，中国和西方，古典和现代融合得很好。

当时的南京和上海是政治中心和经济中心，主要的建设集中在这一区域，在其他地方也有少量的建设。例如梁思成、林徽因设计的北京仁立地毯公司也是采用中国古典与现代折中的式样。

图13-7 大上海中心区规划鸟瞰图（引自1931年《中国建筑》创刊号）

上海市博物馆（引自邓明主编《上海百年掠影 1840s–1940s》）

上海市图书馆（引自邓明主编《上海百年掠影 1840s–1940s》）

上海市政府大楼（引自 1933 年《中国建筑》第一卷第六期）

上海体育场（今江湾体育场）

图13-8　大上海中心区建筑组图

　　20 世纪 30 年代还有一个重要的建筑就是 1933 年建的南京中央博物院，这是中国的第一个国家博物馆。由著名教育家蔡元培倡导，国家出资建造。最初由徐敬直设计，后经梁思成修改设计方案，建成为一座完全仿辽代宫殿风格的建筑（图 13-9）。

　　中山陵的设计、南京《首都计划》和《大上海计划》是中国传统复兴在建筑领域的一个高潮，从 20 世纪 20 年代中期一直到抗战全面爆发的 1937 年，中国风格的建筑作品在各中心城市，不断出现，首都南京和

图 13-9　南京博物院

图 13-10　南京金陵大学

图 13-11　燕京大学（今北京大学）（柳丝雨摄）

武汉大学图书馆（马加奇摄）

武汉大学学生宿舍（马加奇摄）

图 13-12　武汉大学组图

特别市上海尤为突出。尤其是一些政府级别的重要建筑，几乎都是采用中国风格的建筑。然而中国传统建筑复兴实际上应该从两方面来看，一方面是当时中国政府的提倡和知识分子中民族文化心理的自觉；另一方面是外国建筑师为了迎合中国人的心理而做的中式风格的建筑设计。

外国人做中式建筑设计实际上在 19 世纪后期就开始了，例如 1894 年建的上海圣约翰大学，主要建筑就是飞檐翘角的中式屋顶。这种外国人做中式建筑的情况多数是和教会有关的，有的是教堂，有的是教会办的医院、学校等。其目的主要还是表现基督教对中国文化的适应性，以减少中国人对基督教的抵触。这类建筑中著名的有，南京金陵大学、北京辅仁大学、北京协和医学院等（图 13-10）。

说到外国人设计中式建筑，必须提到一个人——美国建筑师亨利·墨菲。他 1914 年来到中国后的第一栋实施的建筑是 1915 年设计的长沙湘雅医学院，这是一组带有中式屋顶的建筑。后来又接着设计了多所著名的大学：清华大学、燕京大学（今天的北京大学），上海沪江大学、复旦大学，南京金陵女子大学等，除了清华大学大礼堂、科学馆、图书馆、体育馆等几栋是西洋式以外，其他的都是中式建筑（图 13-11）。1927 年南京制定《首都计划》的时候聘请他担任了总顾问。

武汉大学又是一个外国人设计中式建筑的典型范例。1928 年教育部决定成立国立武汉大学。1929 年 3 月开始勘测规划，主轴线为著名地质学家李四光勘测所定。同年 10 月，聘请美国建筑师开尔斯（F.H.Kales）为新校舍建筑总设计师。1930 年 3 月新校舍工程开工，1932 年第一期工程完成。第二期工程从 1932 年延续到 1937 年。主体建筑均采用了中国传统的琉璃瓦大屋顶，但在一些细节上又不拘泥于完全的中国做法，有折中主义的倾向。但主体风格还是传统复兴，年代上也正是 20 世纪 30 年代传统复兴的高潮之中（图 13-12）。

三　早期现代主义

　　所谓"早期现代主义"，一般是指第二次世界大战之前的西方现代主义建筑流派。中国的早期现代主义被称之为"现代式"。

　　不同于古典主义和折中主义的西洋风格新建筑在中国的最早出现是在东北的哈尔滨，与俄国中东铁路相关的一批建筑。19世纪后期，西方出现了一个"新艺术运动"，俄国也出现了一大批新艺术运动的艺术家和建筑师。哈尔滨中东铁路的总部就在俄国圣彼得堡，中东铁路相关建筑全由俄国总部的建筑师设计，可能这一批建筑师全部是新艺术运动的参与者，所以哈尔滨中东铁路的建筑几乎全部都是新艺术风格的建筑，包括哈尔滨火车站、中东铁路管理局大楼、铁路旅馆、铁路技术学校、铁路官员住宅等（图13-13）。这一批建筑大体上都建造于1901～1904年，后来陆续还有一些建造，总之时间上正在欧洲新艺术运动的高潮中间。

　　哈尔滨的新艺术风格建筑比较集中，别的城市很少，应该算是一个特定时期，特定地方的特例。新艺术运动以后，西方建筑领域各种新风格、新流派不断出现，同时也影响到了中国。新风格的建筑其实也有各种不同的风格流派，但是在中国人们统统把它们叫作"现代式"。中国"现代式"建筑的来源各有不同，有的是外国建筑师直接带来的，有的是中国建筑留学生带回来的，还有的是通过学术刊物的介绍学习来的。时间上大体是从1920～1937年，1937年日军侵华，

哈尔滨火车站

铁路官员高级住宅

铁路技术学校（今哈工大博物馆）

图13-13　哈尔滨中东铁路建筑组图

抗日战争全面爆发，各地城市建设基本停止了。

新风格建筑首先是由外国建筑师带来的。1926 年建于上海外滩的沙逊大厦是比较早的一栋新风格的建筑，设计者是外国人办的公和洋行，这栋建筑带有"装饰艺术"（Art-Deco）的风格，是当时一种新风格新式样（图 13-14、图 13-15）。

图 13-14　上海沙逊大厦（引自王绍周《上海近代城市建筑》）　　图 13-15　上海沙逊大厦图（引自王绍周《上海近代城市建筑》）

图 13-16　上海大光明电影院（引自上海图书馆编《老上海风情录一》）

一位叫拉斯洛·邬达克（Laszlo.Hudec）的匈牙利建筑师，是 20 世纪 30 年代上海最活跃的建筑师，他在上海设计有 50 余栋建筑，他的设计算是当时最先进最摩登的新式样。上海大光明电影院（1932 年）和吴同文住宅（1937年）是其中最著名的。大光明电影院以横向竖向相间的大块面凹凸线条，显示出简洁的现代风格造型（图 13-16）；吴同文住宅简洁的圆柱体和大面积的玻璃，更是同时代的建筑中从未有过的现代造型（图 13-17）。

图 13-17　上海吴同文住宅（引自【日】村松伸《上海·都市和建筑 1842-1949》）

在东北，由于满洲铁路的关系，有一些日本现代主义思想的建筑师参与设计了一些现代主义风格的建筑，其中最著名的是大连火车站。由满洲铁路工事课的太田宗太郎设计，1935～1937年建成。简洁的外观造型已经是完全的现代主义；从旅客进站到候车厅，再通过天桥到站台，形成一条完整顺畅的流线，设计非常先进（图 13-18）。

中国建筑师表现出来的现代主义设计有两类，一类是纯现代风格的，一类是把现代风格和中国传统相结合的。前面说到中国早年出国留

图 13-18　当年日本明信片上的大连火车站

学的学生进入国外大学学习建筑的那个年代，国外大学的建筑学教育仍然是古典主义学院派占据统治地位的年代，只是有的地方开始出现早期现代主义的思潮和流派。这些中国留学生在正规课程中学习古典主义建筑的同时，可能接触到一些早期现代主义思潮，并受到它们的影响。例如后来开创中国第一个建筑学科的柳士英，在他留学日本东高工的时候，他们学习的课程仍然是西方学院派古典主义的内容。但是这时候西方新潮的建筑思想和流派开始传入日本，最早的就是维也纳分离派。这种思潮传入日本，立刻就在一批东京帝国大学和东高工的青年学生中风靡，他们成立了"日本分离派协会"，而柳士英正是在这个时间段留学东高工。我们今天虽然找不到柳士英正式参加了当时由日本大学生组织的"日本分离派协会"，或者他与这些日本学生的交往关系的确切证据，但是他后来 20 世纪 30 年代、40 年代在上海、长沙等地的设计作品确实明确地显示了他所受到的分离派建筑思想的影响，后来还有德国表现主义思想的影响，他自己的回忆录里也明确说到了这一点。

20 世纪 30 年代的中国"现代式"建筑中，还有一类把中国传统元素与现代建筑风格相融合的，类似于折中主义，只是中国传统与现代主义折中，最著名的代表是上海中国银行大楼。由当时上海著名的巴马旦拿建筑公司和中国银行总部建筑课长陆谦受共同设计，1934 年建

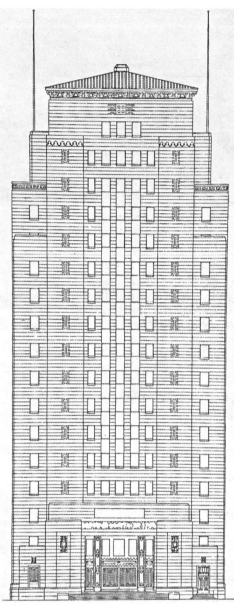

图 13-19 上海中国银行大楼（引自陈从周、章明《上海近代建筑史稿》）

图 13-20 北京大学女生宿舍

成。内部采用钢框架结构，主楼为 17 层（包括地下室 2 层），立面以垂直线为主，纵向通常的竖向长窗，具有"分离派"的造型特征，典型的早期现代主义。外墙为平整的花岗石贴面，两侧饰以镂空寿字图案，顶部为坡度平缓的四角攒尖，覆以深绿色琉璃瓦，这些元素显示出中国传统建筑的符号特征（图 13-19）。

20 世纪 30 年代是中国建筑中"现代式"比较集中表现的年代，很多中国建筑师都做过"现代式"的建筑设计，他们有的是本来就具有比较明确的现代主义思想倾向的，例如华盖建筑事务所的童寯，他参与设计的上海大戏院（1933 年）、上海恒利银行（1933 年）等建筑都是现代主义风格的。华盖建筑事务所也是当时在"现代式"建筑设计中最活跃的。启明建筑事务所的奚福泉设计了上海虹桥疗养院（1934 年）等一些现代主义风格的建筑，在当时产生了比较大的影响。

另外有一批中国建筑师他们本来的思想倾向和设计风格并不是现代主义的，有的是倾向于西洋古典主义的，有的是倾向于中国传统风格的，也做了一些现代风格的建筑设计。例如庄俊早年的设计风格是西洋古典，后来就趋向于简洁的现代风格了。他较早设计的上海金城银行（1928 年）就在西洋古典中带有了简洁的"现代式"倾向，后来的南京盐业银行、上海中南银行、上海大陆商场、上海孙克基妇产科医院等，就是完全的现代风格了。董大酉早年是偏向中国传统的，最著名的是大上海中心区的设计，市政府大楼、图书馆、博物馆等都是典型的中国传统风格，后来也做了中国传统与现代相结合的上海江湾体育场，再后来也做了纯现代的自宅；杨廷宝最初也是倾向于中国传统的，他 20 世纪 20 年代末到 30 年代初做的设计基本上都是中国传统风格的，例如南京中央体育场、中央医院、金陵大学图书馆等，都是中国传统风格。甚至还有一段时间专门做古建筑的修复保护，北京天坛、国子监等古建筑当时就是委托他做的。后来到东北大学、清华大学，再到南京，设计风格就有所变化了，有西洋古典风格的，也开始转向现代风格了。甚至梁思成这位专门从事古建筑研究的学者，也做过少量现代主义风格的建筑设计。他较早设计的北京仁立地毯公司大楼的外立面，就带有中国传统和现代简洁造型相结合的风格，再后来设计的北京大学女生宿舍和北京大学地质馆就是非常典型的现代主义风格了（图 13-20）。

1937 年，抗日战争全面爆发，中国的城市建设基本停止，刚刚兴起不久的现代主义建筑也突然停止。抗战胜利以后，不久又爆发了内战，各地城市虽有少量建设，但总的来说建设还是不多。有些战争相对较少的地方例如湖南长沙，仍然有一定程度的建设。抗战胜利以后，20 世纪 40 年代后期，柳士英在湖南大学设计了一批教学楼、办公楼、教职工宿舍和学生宿舍。这些建筑全部采用了现代主义建筑风格，并且表现了柳士英纯熟的现代主义建筑的手法特征，其中较多运用的仍然有早期德国表现主义和维也纳分离派的元素（图 13-21）。

图 13-21　湖南大学工程馆

第十四章　中华人民共和国成立后到改革开放前的建筑（20 世纪 50 ～ 70 年代）

　　1949 年中华人民共和国成立后，中国进入到一个热火朝天的建设和革命年代。经历了长年延绵不断的战争之后，国家满目疮痍，百废待兴。本来应该是放开手脚大建设的时代，但是又受到了某些特殊原因的影响。一方面是因为社会政治制度和意识形态与西方国家不同，加之中华人民共和国成立不久就爆发了朝鲜战争，致使中国一下子成为整个西方世界的对立面，受到西方国家封锁。这一情况使得中国的建设在相当一段时间内受到了相当程度的影响。

一　中华人民共和国成立初期的建筑

　　20 世纪 50 年代初，中国在政治上倒向苏联，在科学技术、文化教育等方面全面学习苏联。这时期苏联的文化艺术界和建筑界的基本倾向是"社会主义内容，民族形式"，苏联的民族形式当然是俄罗斯的民族形式，到了中国自然是中国的民族形式。所以 20 世纪 50 年代初，中国建筑界的主导思想也就是"社会主义内容和民族形式"。正好中国刚刚结束战争状态，从过去受帝国主义欺辱的状态下独立起来，民族复兴的热情高涨。而且实际上 20 世纪 20 至 30 年代以来在建筑中的中国传统复兴思潮并没有消退，只不过中间因为战争（抗日战争和解放战争）的原因而暂时停顿了下来。等到战争结束，这种热情又再一次迸发出来。

　　20 世纪 50 年代初的建筑也出现过一些现代主义的建筑，例如杨廷宝等人设计的北京王府井百货大楼、北京和平宾馆，华揽洪设计的北京儿童医院等。另外还有上海同济大学文远楼、广州中山医学院、西安人民大厦、大连人民文化俱乐部、杭州人民大会堂、青岛纺织管理局医院和俱乐部等。20 世纪 50 年代初的这些现代主义建筑，应该说是建筑随着时代发展而正常出现的新气象，但是那个年代特别突出政治，因而这些现代主义建筑曾经一度被认为是资产阶级思潮的影响而不被提倡。

　　这一时期在思想上占主导地位的还是中国民族形式，即学苏联的"民族形式和社会主义内容"。民族形式建筑，主要是以中国传统的宫殿式建筑式样（琉璃瓦大屋顶）的特征来表现的。

　　1949 年后的民族形式建筑第一个最大最重要的代表是重庆人民大礼堂（图 14-1）。1951 年设计，1952 年动工，1954 年建成，张嘉德设计。在当时的 5 个送审设计方案中，选中了这个民族形式的，也说明了当时的倾向性。主体建筑是一个各种中国古典屋顶式样的组合，中心突出一个三层圆形攒尖顶。内部是一个用钢屋架支撑起这个内径跨度 46.33 米的圆形大厅，四周环绕有四层悬挑的楼座，可容纳 3400 余人。三层圆形攒尖顶外观造型，有模仿北京天坛的意向，但是由于屋身尺度太大，使屋顶檐部出挑尺度相对显得较小，比例关系有所欠缺。

图 14-1　重庆人民大礼堂
（俞潮韵摄影）

1952 年北京天安门广场建造人民英雄纪念碑，最终决定采用梁思成领头设计的中国式屋顶造型的方案。从 20 世纪 50 年代初到 50 年代中后期，全国各地一大批民族形式的办公大楼和公共建筑，甚至还有工业建筑也采用民族形式。办公楼和公共建筑中比较著名的有，张开济设计的北京四部一会办公楼（1952-1955 年）、陈登鳌设计的北京地安门机关宿舍大楼（1954 年）、张镈设计的北京友谊宾馆（1953-1954 年）、杨廷宝设计的南京华东航空学院教学楼（1953 年）、柳士英设计的湖南大学大礼堂和图书馆（1953 年）、王辅臣设计的长春地质宫（1954 年）、徐中、冯建逵、彭一刚等设计的天津大学第九教学楼（1954 年）、张驭寰设计的哈尔滨市委办公楼（1955 年）、倪欣木设计的济南山东剧院（1954 年）等（图 14-2）。工业建筑做成民族形式最著名的有长春第一汽车制造厂（1953-1956 年）和哈尔滨量具刃具厂（1953-1955 年），这两处都是苏联援建的。此外还有少数民族风格的，著名的有赵冬日、朱兆雪等设计的北京伊斯兰教经学院（1957 年）、郭蕴诚等设计的内蒙古伊克昭盟成吉思汗陵（1955 年）等。

这里值得特别说到的是柳士英，前面已经说到了他是一个现代主义建筑师，从 20 世纪 30 年代到 50 年代初，他的设计作品都是现代主义风格的。到了 1952、1953 年突然设计了湖南大学图书馆和大礼堂两栋中国民族风格的建筑。而且他自己的回忆录里面也提到了"他们要做民族形式"，这就看得出来不是他的本意，是当时社会的要求。而且当大礼

北京地安门机关宿舍大楼

北京四部一会办公楼设计图

北京友谊宾馆

哈尔滨市委大楼

合肥江淮大戏院

湖南大学大礼堂和图书馆

图 14-2　组图

堂建成以后好评如潮，武汉又请他去再设计了两栋类似的建筑，一栋是武汉市政府大礼堂，一栋是中南民族学院礼堂。这都表明当时整个社会对民族形式建筑的热烈追求。

二　建筑理论和主导思想

图 14-3　《建筑学报》创刊号

　　1953 年 9 月中国建筑学会成立，1954 年 6 月《建筑学报》创刊（图 14-3），第一期创刊号上总共只有 7 篇文章，第一篇是当时中国科学院副院长张稼夫《在中国建筑学会成立大会上的讲话》，紧接着三篇都是苏联人的建筑理论的文章，后面三篇全都是中国传统建筑方面的文章。一篇是王鹰的《继承和发展民族建筑的优秀传统》，一篇是梁思成的《中国建筑的特征》，最后一篇是张镈的《北京西郊某招待所[①]设计介绍》。这就很明显地看得出当时建筑界的思想倾向：一是全面学苏联，一是提倡"民族形式"。接着 1954 年 12 月出版的第二期《建筑学报》再一次表现出这一特征。总共 8 篇文章，前面 4 篇都是东欧社会主义国家的，后面 4 篇又全都是关于中国民族形式的。一篇是张开济的《三里河办公大楼[②]设计介绍》；一篇是陈登鳌的《在民族形式高层建筑设计过程中的体会》（介绍地安门机关宿舍楼的设计）；第三篇是梁思成、林徽因、莫宗江写的《中国建筑发展的历史阶段》。最有意思的是最后一篇，是由《人民日报》转给《建筑学报》的一篇署名林凡的读者来信，《人民要求建筑师展开批评和自我批评》，信中批评了一些地方出现了"不优美的，甚至于可以说是恶劣的、方块形的、构成主义和别的颓废派别的建筑物"。以人民的口吻表达了对现代建筑的批判和对民族传统建筑的赞扬。而且由《人民日报》转发出来，更是意味深长。

　　然而另一方面，20 世纪 50 年代初，在建设高潮的同时又开始了一场"三反"运动（反贪污，反浪费，反官僚主义）。"三反"运动的高潮是 1952 年，只一年就结束了，名义是"三反"，但实际上主要就是反贪污，抓出了一批贪污犯。对于反浪费并没有太多关注，因此对建筑领域基本上没什么影响。真正在建筑领域里的反浪费，实际上又是从苏联开始的。1954 年赫鲁晓夫上台后，纠正斯大林时代过于注重建筑的宏伟形象的主导思想因而导致浪费的现象。1954 年底苏联召开了"全苏建筑工作者大会"，中国也派出了代表团参加。这次会议清算了"社会主义内容、民族形式"的口号，明确了反对浪费，反对复古主义的主导思想。

　　1955 年 2 月中国建筑工程部也召开了建筑设计和施工工作会议，会上批判了"设计工作中的资产阶级形式主义和复古主义倾向"。中国古典的宫殿式大屋顶显然是比较"浪费"的，所以在建筑上的反浪费最主要的就集中在反对复古主义倾向了。1955 年 3 月 28 日的《人民日报》发

① 即北京友谊宾馆。
② 即四部一会办公楼。

表社论"反对建筑中的浪费现象"。《人民日报》上甚至开辟了一个"厉行节约，反对基本建设中的浪费"的专栏，每期刊登文章，延续了几个月。甚至还刊发了讽刺批判民族形式大屋顶的漫画（图14-4）。北京和全国各地一些著名的，大型的民族形式的建筑都受到了点名批评。

在这种大形势下，于是各地开始刹车，停止建造大屋顶的民族形式建筑，除了报纸杂志外，甚至有的单位也组织批判大屋顶的文章，一些当时做民族形式建筑设计的著名建筑师都受到了批判，首当其冲的当然是北京的梁思成先生。不过，本来"民族形式"的提倡是政府提出来的，也是受苏联的影响的结果。但是在反对和批判的时候却变成了对于建筑师个人的批判，这就有点偏颇了。

虽然反浪费运动对建筑界产生了较大的影响，但是这一时期仍然还是出现了一些讲究建筑艺术性的，较有影响的建筑作品。如龚德顺设计的建筑工程部大楼（1955—1957年）、赵冬日设计的全国政协大礼堂（1955年）、林乐义设计的北京电报大楼（1955—1957年）等。有中国

图14-4 人民日报反浪费（组图）

《人民日报》漫画1

《人民日报》漫画2

《人民日报》专栏文章1

《人民日报》专栏文章2

1955.3.28《人民日报》社论

建工部大楼

全国政协大礼堂（柳司航摄）

上海展览馆

图 14-5 （组图）

古典甚至西洋古典的艺术手法的，例如建工部大楼和政协礼堂，还有苏联人安德列耶夫设计的上海展览馆等（图 14-5）。

　　反对浪费之后的结果当然就是提倡节约，节省建筑的造价，"特别要求大大降低非生产性建筑的标准"。1954、1955 年两度提出了大幅降低建筑造价的具体指标，甚至降到了完全不合常理的程度。由于不断要求降低造价，越过了最低限度，以致建造出了一些无法使用的建筑来，又造成了另一种浪费。在反浪费的思想指导之下，1955 年正式提出了建筑设计的指导方针："适用、经济，在可能条件下注意美观。"这一指导方针在当时的条件下无疑是正确的，即使在今天，只要是在经济条件受到制约的情况下就仍然适用。

　　反浪费运动只是从经济上来看待建筑的问题，因为那个年代国家在财力上是有限的，确实还不能为了满足建筑上的美观而花费过多的钱财。但是这种纯粹从经济出发来考虑建筑的，显然没有涉及建筑本身的思想理论和创作规律问题。在这样的社会条件下，甚至刚刚创办了一年的《建筑学报》，只出了两期就被迫停刊。1955 年《建筑学报》停刊整顿，1956 年复刊。

　　1956 年中央提出了在科学与文化艺术工作中，实行"百花齐放，百家争鸣"的方针，即艺术问题上"百花齐放"，学术问题上"百家争鸣"，建筑学界也开始出现思想解放的迹象。在 1956 年的《建筑学报》第 6 期上的"百家争鸣"专栏里发表了鲍鼎、林克明等人的几篇文章，思想上开始理性开放，不为某些既定的思想倾向所束缚。年轻人思想更为激进，有一篇清华大学建筑系两个学生合写的文章，题目就是"我们要现代建筑"。说明这时候建筑学界已经在学术思想上开始转变。

图14-6　北京十大建筑（组图）

三　北京十大建筑

北京工人体育场（柳司航摄）

北京火车站

民族文化宫（柳司航摄）

人民大会堂（柳司航摄）

中国革命和中国历史博物馆（今国家博物馆）（柳司航摄）

中国人民革命军事博物馆（柳司航摄）

全国农业展览馆（柳司航摄）

　　然而，1958 年，在即将迎来 1959 年建国十周年的时候，在这种特殊的时刻，又再一次唤起了人们的民族自豪感和对民族文化的热情。为了迎接建国十周年的庆典，政府提出了建造"北京十大建筑"的国庆工程计划，从 1958 年 9 月开始要在一年内完成。这不是一次少数建筑师的设计，而是一场调动大规模力量的设计运动。除了北京当时的 30 多家设计院以外，还从上海、南京、广州等地选调来一批建筑师，一起参加设计工作。设计指导思想也完全放开，不设限制，可以说这是一次真正放开思想的设计竞赛。建筑师们提交了大量的设计方案供选择，设计方案中有前不久刚被批判为"浪费"的中国古典大屋顶；也有苏式尖塔的纪念建筑式样；还有希腊罗马的西方古典造型；更有曾被批判为"资产阶级的方盒子"的现代主义，甚至有全玻璃的方盒子。

　　1959 年 9 月，国庆十周年前夕，北京十大建筑全部建成。它们是：人民大会堂、中国革命和中国历史博物馆（今国家博物馆）、北京火车站、中国人民革命军事博物馆、北京工人体育场、民族文化宫、全国农业展览馆、迎宾馆、民族饭店、华侨大厦等（图 14-6）。包括 1952 年开工 1958 年落成的天安门广场上的人民英雄纪念碑（图 14-7），50 年代后期建成的这一群重要建筑，无疑是中国现代建筑史上的一个重要的里程碑。然而在这一批国庆献礼的重要建筑中，最终仍然还是大屋顶的中国民族形式占多数。

图 14-7　北京人民英雄纪念碑

四　经济困难时期的建筑

　　1960 年开始，国家进入三年国民经济困难时期，大规模的建设基本停止，但仍然还是有少量重要的建设。有的是在 1958 ~ 1959 年的建设高潮期间没有完成的项目，仍在继续。例如戴念慈设计的中央党校主教学楼，1958 年设计，1962 年建成；徐尚志设计的成都锦江饭店，1959 年设计，1961 年建成。困难时期也有少量新建的项目，但总的来说，大型的建筑很少出现。其中规模较大，比较具有代表性的是戴念慈、蒋仲钧设计的北京中国美术馆，1960 年设计，1962 年建成（图 14-8）。这座建筑应该可以说是国庆十周年纪念建筑的余音，虽然已经进入经济困难时期，但是仍然采用了中国古典大屋顶，具有艺术性的宏伟造型。

　　1963 年结束经济困难时期，经济开始恢复，但是总的来说经济状况仍然不太好。加之各种政治运动不断，对建筑界还是有着比较大的影响，仍然很少有大规模的建设活动。倒是在一些风景名胜游览区，或者重要的革命纪念地，出现了一些规模不大但是设计得非常好的建筑作品。例

图 14-8　北京中国美术馆

图 14-9　湖南韶山毛主席旧居陈列馆

如吴庐生、戴复东设计的武汉东湖梅岭招待所一号楼（1962-1963 年）；莫伯治等设计的广州白云山山庄旅社（1962 年）；莫伯治设计的桂林伏波山的伏波楼（1964 年）；黄远强等设计的湖南韶山毛主席旧居陈列馆（1964 年）等。特别应该说的是 1964 年建的韶山毛主席旧居陈列馆，堪称那个年代建筑设计的一个精品。它一反过去纪念性建筑的高大体量和雄伟的造型，采用小巧的建筑体量和南方庭院式布局，并巧妙地利用山区地形，获得了极好的效果（图 14-9）。

五　"文化大革命"时期的建筑

1966 年，中国进入一个特别时期——"文化大革命"。对于"文化大革命"本身的是非得失，中央已经有了正式的决议，这里不叙述。

这一特殊时期的建筑，却是中国建筑史上最特殊的一种风格、式样和类型。这是一个"彻底革命"的年代，其建筑风格也是一种革命的建筑风格，我们可以把它们叫作"文革建筑"。所谓革命风格的"文革建筑"，其基本特征是：建筑体量宏大，造型雄伟；并采用旗帜、太阳、五星、火炬、葵花等象征性的形象进行装饰。在这里必须说明的是，所谓"文革建筑"并不等同于"文革"时期所建造的建筑，是专指那些具有革命形象的建筑，不包括那个时期建造的普通住宅、商店、厂房等实用性建筑。

具有革命形象的"文革建筑"主要是在"文革"开始后第三年（1968—1969 年）前后开始出现的。这时候"文革"前期大体上告一段落，到 1968 年 9 月，除台湾地区之外，当时全国各省、市、自治区全部成立了"革命委员会"，取代了"文革"前各地的党委和政府机构，当时称为"全国山河一片红"。于是有的地方开始建造大型纪念性展览建筑，名称统一叫作"毛泽东思想胜利万岁展览馆"，后来普遍简称"万岁馆"。这种建筑一出现就立刻风靡全国，各大中城市，尤其是省会城市几乎全都建起了"万岁馆"。

　　各地的"万岁馆"建筑有很多共同之处，多数都是方块形，大体量，正面有高大的柱廊或壁柱，有仿人民大会堂造型的痕迹。整体比例基本上还是遵循建筑学的规律，因而都能体现雄伟壮观的气派。常用的装饰元素都具有明确的象征含义，除了毛主席像和党旗以外，常用的元素有：红太阳，象征毛主席；向日葵，象征人民群众；火炬，象征革命斗争（"星星之火，可以燎原"）；梭镖，象征武装斗争；地球，象征解放全人类，或者"全世界无产者联合起来"；枪，象征"枪杆子里面出政权"（武装斗争夺取政权），等等。另外还有一些用韶山、井冈山、延安等红色圣地作为装饰图案的。总之这些是"万岁馆"建筑装饰上最常见的元素。

　　今天在全国各地，当年的"万岁馆"和其他类"文革建筑"仍有一部分被保留下来，有的已经改作其他用途，但是建筑外观形象并没有

图14-10　"文革建筑"（组图）

成都四川科技馆

广州图书馆（汤芸摄）

南昌八一起义纪念碑（汤芸摄）

南京长江大桥桥头堡

南昌江西省展览馆（汤芸摄）

长沙市清水塘纪念馆

长沙湖南第一师范图书馆

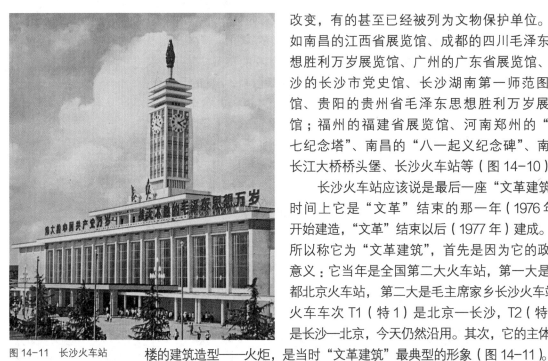

图 14-11 长沙火车站

改变，有的甚至已经被列为文物保护单位。例如南昌的江西省展览馆、成都的四川毛泽东思想胜利万岁展览馆、广州的广东省展览馆、长沙的长沙市党史馆、长沙湖南第一师范图书馆、贵阳的贵州省毛泽东思想胜利万岁展览馆；福州的福建省展览馆、河南郑州的"二七纪念塔"、南昌的"八一起义纪念碑"、南京长江大桥桥头堡、长沙火车站等（图 14-10）。

长沙火车站应该说是最后一座"文革建筑"，时间上它是"文革"结束的那一年（1976 年）开始建造，"文革"结束以后（1977 年）建成。之所以称它为"文革建筑"，首先是因为它的政治意义：它当年是全国第二大火车站，第一大是首都北京火车站，第二大是毛主席家乡长沙火车站。火车车次 T1（特 1）是北京—长沙，T2（特 2）是长沙—北京，今天仍然沿用。其次，它的主体钟楼的建筑造型——火炬，是当时"文革建筑"最典型的形象（图 14-11）。

在那个"彻底革命"的年代，审美都被认为是资产阶级的意识，是要被批判的。女孩子都不能穿花衣，普通人的服装都基本上就是蓝色、灰色，还有一个军装的颜色草绿色。古建筑上的雕刻装饰都被认为是"四旧"（旧思想、旧文化、旧风俗、旧习惯）而被砸烂捣毁。建筑学整个学科被认为是"资产阶级学科"，大学里的建筑学科被关闭，停止招生。"文革"前进校的建筑学大学生，在"文革"中毕业全部分配去最偏远的农村地区。在整个"文革"期间，建筑学的相关学术研究全部停止，各种学术刊物停刊。《建筑学报》在 1966 年 8 月再一次被迫停刊，停了 7 年，直到"文革"后期 1973 年 10 月才复刊。虽然杂志是复刊了，但是所发表的文章全大多是最普通的民用建筑方面的文章，例如工厂厂房、车间设计、住宅楼设计等，完全实用性的，没有任何建筑思想、建筑理

图 14-12 （组图）

广州白云宾馆

广州出口商品交易会展览馆

论、建筑艺术之类的文章。1974 年的《建筑学报》上终于开始有了关于园林的文章，但内容还是实用性的。例如 1974 年第 6 期《建筑学报》上刊登了北京中山公园管理处发表的一篇文章《园林结合生产大有可为》，仍然只是关注实用，而不关注艺术和审美。

"文革"后期在一些特殊的地方开始出现一些精心设计的，讲究一定艺术风格的建筑。最典型的是广州，这里本来就是一个对外窗口。1957 年开始的广州进出口商品交易会（简称"广交会"），一直延续下来，即使"文革"中也没有停。"文革"时期这里几乎成了中国对外贸易的唯一窗口，不少外商来华都在这里落脚，这里需要有相应的接待设施。于是"文革"后期在广州出现了一些当时在国内算是高档次的宾馆等建筑，例如林克明、莫伯治等设计的广州白云宾馆（1973–1975 年）、广州市建筑设计院设计的广州东方宾馆（1975 年）、陈金涛等设计的广州中国出口商品交易会展览馆（1974 年）、广州市建筑设计院设计的广州火车站（1974 年）等（图 14-12）。北京是首都，也是外宾相对较多的地方，这时期也出现了一些较为高档的接待建筑。例如马国馨设计的北京友谊商店（1972 年）和北京国际俱乐部（1972 年）、张镈设计的北京饭店东楼（1974 年）、北京市建筑设计院设计的北京外交人员公寓楼（1971–1975 年）等（图 14-13）。除此之外，还有一批外国驻华使领馆

图 14-13（组图）

北京饭店东楼（柳司航摄）

北京国际俱乐部（柳司航摄）

北京外交人员公寓楼（柳司航摄）

北京友谊商店

建筑和中国援助亚非拉国家的援外工程的项目中也都出现了一些非常好的设计作品。从概念上来说，上述这一批建筑是"文革"时期的建筑，但不是"文革建筑"，因为它们不是以表达革命的政治理念为目的，用革命的符号元素来造型的建筑。

综上所述，"文化大革命"十年，这一特殊历史时期的建筑大体上分为三类：一类是表达革命思想的，以革命性象征符号为形象的建筑，我们称之为"文革建筑"。这一类多为纪念性建筑。第二类是普通的实用性建筑，包括公共建筑，其特征是在经济落后而又在革命思想支配之下排斥审美的，无艺术，无风格特征的建筑。主要是住宅、工厂、商店、办公楼等。第三类是因为特殊的需要，例如对外交流，考虑国际影响的情况下而设计建造的建筑。这类建筑通过精心设计，具有一定的审美和艺术特征，是在那个特殊年代里较少的一类特殊的建筑。

1976年毛泽东主席逝世，"文化大革命"正式结束，中央决定建立毛主席纪念堂。最初方案中有多处选址，有天安门广场，有景山，有香山等，最终选定在天安门广场的中轴线上，放在人民英雄纪念碑和前门之间。建筑设计方案也选中了中规中矩的，两层方形平顶挑檐，四周高大柱廊的造型，平顶挑檐周边贴有传统的琉璃构件，既有古典的意象，又具现代特征（图14-14）。毛主席纪念堂的建成，是由最高决策的中央决定，以突出领袖个人纪念意义的政治性建筑的最后一个作品。它的建成也标志着一个时代的结束。此后中国走向改革开放，进入到一个全新的历史时期。

图14-14 北京毛主席纪念堂（柳司航摄）

主要参考书目

[1] 刘敦桢. 中国古代建筑史 [M]. 北京：中国建筑工业出版社，2008.

[2] 梁思成. 中国建筑史（第七版）[M]. 北京：生活、读书、新知三联书店，2011.

[3] 潘谷西. 中国建筑史（第七版）[M]. 北京：中国建筑工业出版社，2014.

[4] 傅熹年. 中国科学技术史：建筑卷 [M]. 北京：科学出版社，2008.

[5] 柳肃. 中国古代建筑艺术 [M]. 北京：中国建筑工业出版社，2016.

[6] 柳肃. 营建的文明：中国传统文化与传统建筑 [M]. 北京：清华大学出版社，2014.

[7] 张复合. 图说北京近代建筑史 [M]. 北京：清华大学出版社，2008.

[8] 伍江. 上海百年建筑史 1840-1949 [M]. 上海：同济大学出版社，2008.

[9] 李学通. 近代中国的西式建筑 [M]. 北京：人民文学出版社，2006.

[10] 邹德侬. 中国现代建筑二十讲 [M]. 北京：商务印书馆，1984.

后 记

今天终于最后完成了这部在我心里占有重要分量的专著，深深感觉到一种轻松和喜悦。回想起多年前受中国建筑工业出版社之托，撰写这部《中国建筑简史》，因工作繁忙之故而一拖再拖，直到今天方得付梓，真是惭愧。在此我要特别感谢中国建筑工业出版社的陈桦女士，感谢她对我的工作的支持。

另外我想到了与我同时接受任务撰写《外国建筑简史》的刘先觉先生。刘先生年纪大我两轮，却对我这个后生晚辈亲切有加，以平辈相待，我们成为忘年之交。在同时接受了建工出版社的稿约后，我们两人相约出书后互相赠阅。他的《外国建筑简史》早已问世，而我的《中国建筑简史》却迟迟未能完成。直到今年5月刘先觉先生仙逝，他的书送给了我，而我的书却未能敬献给他，留下一个巨大的遗憾。想到此事，深感有愧于刘先生。从另一方面想，这也是建筑历史这一学术事业薪火相传的规律吧。从梁思成先生那代人，直到今天，建筑历史的学术队伍正在不断壮大，这才是最值得我们欣慰的。

柳肃
2019 年 9 月 1 日
写于岳麓山下